新时代科技特派员赋能乡村振兴答疑系列

XINSHIDAI KEJI TEPAIYUAN FUNENG XIANGCUN ZHENXING DAYI XILIE

绿肥作物种植与利用技术有问必答

LÜFEI ZUOWU ZHONGZHI YU LIYONG JISHU YOUWEN BIDA

山东省科学技术厅
山东省农业科学院　组编
山东农学会

张晓冬　主编

U0239213

中国农业出版社
农村读物出版社
北京

组编单位

山东省科学技术厅
山东省农业科学院
山东农学会

编审委员会

主　　任： 唐　波　李长胜　万书波

副 主 任： 于书良　张立明　刘兆辉　王守宝

委　　员（以姓氏笔画为序）：

丁兆军　王　慧　王　磊　王淑芬
刘　霞　孙立照　李　勇　李百东
李林光　杨英阁　杨赵河　宋玉丽
张　正　张　伟　张希军　张晓冬
陈业兵　陈英凯　赵海军　宫志远
程　冰　穆春华

组织策划

张　正　宋玉丽　刘　霞　杨英阁

本书编委会

主　编：张晓冬

副主编：朱国梁　冯　伟　李润芳　隋学艳　张希军

参　编（以姓氏笔画为序）：

于淑慧　王文华　王存娥　田　茜
史桂芳　付利波　吕玉虎　任永峰
刘　佳　刘一明　刘世华　刘全兰
刘国利　孙文彦　牟小翎　李本银
李忠义　杨永义　何春梅　张久东
陈　新　陈检锋　周泽弘　郇恒福
赵文生　段廷玉　黄毅斌　董　浩
韩　梅　韩文斌　路凌云

序 PREFACE

农业是国民经济的基础，没有农村的稳定就没有全国的稳定，没有农民的小康就没有全国人民的小康，没有农业的现代化就没有整个国民经济的现代化。科学技术是第一生产力。习近平总书记2013年视察山东时首次作出“给农业插上科技的翅膀”的重要指示；2018年6月，总书记视察山东时要求山东省“要充分发挥农业大省优势，打造乡村振兴的齐鲁样板，要加快农业科技创新和推广，让农业借助科技的翅膀腾飞起来”，总书记在山东提出系列关于“三农”的重要指示精神，深刻体现了总书记的“三农”情怀和对山东加快引领全国农业现代化发展再创佳绩的殷切厚望。

发端于福建南平的科技特派员制度，是由习近平总书记亲自总结提升的农村工作重大机制创新，是市场经济条件下的一项新的制度探索，是新时代深入推进科技特派员制度的根本遵循和行动指南，是创新驱动发展战略和乡村振兴战略的结合点，是改革科技体制、调动广大科技人员创新活力的重要举措，是推动科技工作和科技人员面向经济发展主战场的务实方法。多年来，这项制度始终遵循市场经济规律，强调双向选择，构建利益共同体，引导广大科技人员把论文写在大地上，把科研创新转化为实践成果。2019年10月，总书记对科技特派员制度推行20周年专门作出重要批示，指出“创新是乡村全面振兴的重要支撑，要坚持把科技特派员制度作为科技创新人才服务乡村振兴的重要工作进一步抓实抓好。广大科技特派员要秉持初心，在科技助力脱贫攻坚和乡村振兴中不断作出新的更大的贡献”。

山东是一个农业大省，“三农”工作始终处于重要位置。一直以来，山东省把推行科技特派员制度作为助力脱贫攻坚和乡村振兴的重要抓手，坚持以服务“三农”为出发点和落脚点、以科技人才为主体、以科技成果为纽带，点亮农村发展的科技之光，架通农民增收致富的桥梁，延长农业产业链条，努力为农业插上科技的翅膀，取得了比较明显的成效。加快先进技术成果转化应用，为农村产业发展增添新“动力”。各级各部门积极搭建科技服务载体，通过政府选派、双向选择等方式，强化高等院校、科研院所和各类科技服务机构与农业农村的连接，实现了技术咨询即时化、技术指导专业化、服务基层常态化。自科技特派员制度推行以来，山东省累计选派科技特派员2万余名，培训农民968.2万人，累计引进推广新技术2 872项、新品种2 583个，推送各类技术信息23万多条，惠及农民3亿多人次。广大科技特派员通过技术指导、科技培训、协办企业、建设基地等有效形式，把新技术、新品种、新模式等创新要素输送到农村基层，有效解决了农业科技“最后一公里”问题，推动了农民增收、农业增效和科技扶贫。

为进一步提升农业生产一线人员专业理论素养和生产实用技术水平，山东省科学技术厅、山东省农业科学院和山东农学会联合，组织长期活跃在农业生产一线的相关高层次专家编写了“新时代科技特派员赋能乡村振兴答疑系列”丛书。该丛书涵盖粮油作物、菌菜、林果、养殖、食品安全、农村环境、农业物联网等领域，内容全部来自各级科技特派员服务农业生产实践一线，集理论性和实用性为一体，对基层农业生产具有较强的指导性，是生产实际和科学理论结合比较紧密的实用性很强的致富手册，是培训农业生产一线技术人员和职业农民理想的技术教材。希望广大科技特派员再接再厉，继续发挥农业生产一线科技主力军的作用，为打造乡村振兴齐鲁样板提供“才智”支撑。

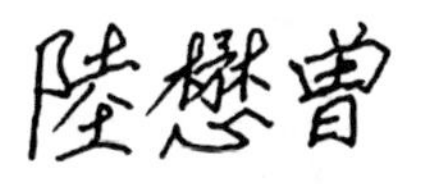

2020 年 3 月

前言 FOREWORD

党的十九大报告指出，农业农村农民问题是关系国计民生的根本性问题，必须始终把解决好“三农”问题作为全党工作的重中之重，实施乡村振兴战略。

2019年10月，习近平总书记对科技特派员制度推行20周年作出重要指示时指出：创新是乡村全面振兴的重要支撑，要坚持把科技特派员制度作为科技创新人才服务乡村振兴的重要工作进一步抓实抓好。广大科技特派员要秉持初心，在科技助力脱贫攻坚和乡村振兴中不断作出新的更大的贡献。

为了落实党中央、国务院关于实施乡村振兴战略的决策部署，深入学习贯彻习近平总书记关于科技特派员工作的重要指示精神，促进科技特派员为服务乡村振兴、助力打赢脱贫攻坚战和新时代下农业高质量发展提供强有力的支撑，山东省科学技术厅联合山东省农业科学院和山东农学会，组织相关力量编写了《绿肥作物种植与利用技术有问必答》。绿肥作物是清洁低碳的有机肥源。绿肥种植既是我国农耕文明的精华积淀，也是实施乡村振兴战略，深入推进农业绿色化、优质化、特色化发展，推动农业由增产导向转向提质导向的重要一环。本书分四章，介绍了绿肥基础知识、绿肥主要种植制度、主要绿肥作物种植技术、绿肥综合利用技术等。本书内容涵盖紫云英、田菁、苕子、箭筈豌豆、二月兰、肥田萝卜等主要绿肥作物种植技术，绿肥翻压、饲用、菜用、油用、蜜用及“绿肥+”产业模式等综合利用技术。本书以翔实的文字资料和丰富的一线图片，全面展示了当前绿肥科研和产业的重要进展和实用技术。

本着强烈的敬业心和责任感，作者在本书编写过程中广泛查阅、分析、整理了相关文献资料，紧密结合实践经验，力求内容的科学性、实用性和创新性。国家绿肥产业技术体系为本书的编写提供了大量的人力、技术和图片资料，诸多绿肥行业研究人员提供了丰富的研究资料和宝贵建议，在此一并表示衷心的感谢！

由于时间仓促、水平有限，书中疏漏之处在所难免，恳请读者批评指正。

编　者

2020年3月

目录 CONTENTS

第三章 主要绿肥作物种植技术

第四章　绿肥综合利用技术

第一章 绿肥基础知识

1. 什么是绿肥与绿肥作物?

一些作物，可以利用其生长过程中所产生的全部或部分绿色植物体，直接或间接翻压到土壤中作肥料；或者是通过它们与主作物的间套轮作，起到促进主作物生长、改善土壤性状等作用。这些作物称为绿肥作物，其绿色植物体称为绿肥。

2. 绿肥作物包括哪些?

我国幅员辽阔，绿肥作物种植历史悠久，绿肥资源十分丰富。据统计，我国主要栽培的绿肥作物共有 12 科 68 属 98 种，其中豆科有 72 种。目前，生产中常见的绿肥作物主要有田菁、紫云英、苕子、箭筈豌豆、二月兰、油菜、肥田萝卜等。

紫云英（周泽弘 摄）

光叶苕子（李忠义 摄）

毛叶苕子（张晓冬 摄）

田菁（张晓冬 摄）

二月兰（朱国梁 摄）

油菜（冯伟 摄）

肥田萝卜（张晓冬 摄）

箭筈豌豆（韩梅 摄）

3. 绿肥如何分类？

（1）按植物学科分 ①豆科绿肥，用作绿肥的豆科植物，其根部有根瘤，具有生物固氮作用，如紫云英、苕子、箭筈豌豆、田菁等；②非豆科绿肥，用作绿肥的十字花科、禾本科等非豆科植物，如油菜、肥田萝卜、二月兰、黑麦草、鸭茅等。

（2）按生长季节分 ①冬季绿肥，指秋冬播种、第二年春夏利用的绿肥，如紫云英、苕子、二月兰等；②夏季绿肥，指春夏播种、夏秋利用的绿肥，如田菁、柽麻、竹豆、猪屎豆等。

（3）按生长期长短分 ①一年生或越年生绿肥，如紫云英、二月兰、苕子、箭筈豌豆、田菁等；②多年生绿肥，如小冠花、沙打旺、苜蓿等。

（4）按生态环境分 ①旱地绿肥，如二月兰、苕子、箭筈豌豆、田菁等；②水田绿肥，如紫云英、苕子、田菁等；③水生绿肥，如红萍、水花生、水浮莲等。

4. 绿肥有哪些种植方式?

（1）单作绿肥　即在同一耕地上仅种植一种绿肥作物，之后轮作种植其他作物。常见的单作绿肥为复种绿肥，即在主作物收获后，种植一季绿肥作物，在下茬作物播种前翻压还田，从而形成主作物与绿肥作物的轮作复种方式。秋冬季复种绿肥，一般选用抗旱、耐寒、越冬性好、早春返青早、生长迅速的绿肥作物；春夏季复种绿肥，一般选用生长期短、耐热、生长迅速的绿肥作物。此种植方式能充分利用土地及生长季节，涵养水土，增加土壤有机质，培肥地力，减施部分化肥。

毛叶苕子与谷子轮作（朱国梁 摄）

田菁与小麦轮作（张晓冬 摄）

紫云英与水稻轮作（张晓冬 摄）

二月兰翻压（左）后种植花生（右）（朱国梁 摄）

（2）间作绿肥 在同一块地，同一季节内，将绿肥作物与其他作物相间种植。如在果树行间种植箭筈豌豆、苕子、二月兰等，茶间作紫云英，小麦间作毛叶苕子等。间作绿肥可以充分利用行间空地，做到用地养地相结合；尤其是间种豆科绿肥，可以通过生物固氮作用，增加主作物的氮素营养供应，减少杂草和病害。

茶间作紫云英（黄毅斌、李忠义 摄）

油菜（左）间作毛叶苕子、冬小麦（右）间作毛叶苕子（李本银 摄）

梨间作二月兰与油菜（左）、梨间作肥田萝卜（右）（冯伟 摄）

葡萄（左）间作毛叶苕子、苹果（右）间作毛叶苕子（张晓冬 摄）

桃间作二月兰（左）、樱桃间作光叶苕子（右）（朱国梁 摄）

（3）套种绿肥 主作物播种至收获前，在其行间播种绿肥。如晚稻乳熟期套种紫云英或苕子，小麦套种草木樨、苕子、箭筈豌豆，玉米、棉花套种二月兰、油菜等。套种绿肥可以延长绿肥生长时间，提高绿肥产量。

水稻套种紫云英（左）、水稻套种光叶苕子（右）（李忠义 摄）

玉米套种二月兰（冯伟 摄）

棉花套种二月兰（左）、棉花套种油菜（中）、棉花套种毛叶苕子（右）（孙文彦 摄）

（4）混种绿肥 在同一块地里，同时混合播种两种以上的绿肥作物，如紫云英与肥田萝卜混播，田菁与野生大豆混播，二月兰与苕子、黑麦草混播等。“种子掺一掺，产量翻一番。”豆科绿肥与非豆科绿肥、蔓生绿肥与直立绿肥混播，能够相互调节养分、相互攀附，充分利用生长空间，提高生物产量和籽粒产量。

田菁与野生大豆混播（左）、田菁与绿豆混播（右）（张晓冬 摄）

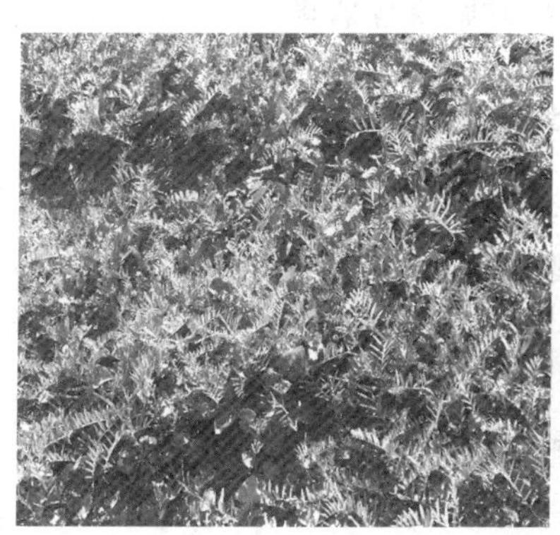

二月兰与苕子混播（张晓冬 摄）

箭筈豌豆与油菜混播（张晓冬 摄）

紫云英与油菜混播（李忠义 摄）

二月兰与苕子、黑麦草混播（朱国梁 摄）

5. 国外绿肥种植历史及现状如何?

19 世纪中叶，化肥大量生产和推广施用之前，绿肥、厩肥等有机肥料一直是世界各国用于培肥改良土壤、补充耕地养分、增加作物产量和改善品质的主要手段。欧洲种植和利用绿肥的历史最早可追溯到罗马帝国时期，古埃及、古印度等也较早采用绿肥肥田。但是随着化肥施用的普及，绿肥种植面积大幅度减少。自 20 世纪 70 年代以来，由于能源价格上升和环境污染问题日趋严重，有机肥料尤其是豆科绿肥和生物固氮资源的利用又再度得到重视。目前，国际上 60 多个国家和地区有绿肥应用报道。国外常把绿肥作物（green manure crop）称为覆盖作物（cover crop）、填闲作物（catch crop）等。SARE（美国可持续农业研究与教育计划）的研究结果表明，绿肥作物通过缓解土壤板结、改良土壤结构、防治土壤侵蚀、保持土壤水分等途径改良土壤，提高产量，改善品质；通过减施化肥和除草剂，缓解农业生产对农用化学品的依赖，有利于解决由农业面源污染而引起的公共健康和生态问题。相对于农田，国际上的果园绿肥应用更为普及，世界果品生产发达国家的果园 80%以上采用生草覆盖或栽培绿肥。果园生草被公认为是一种先进的果园土壤管理方法，是现代生态果园建设的主流模式。

加拿大多伦多市葡萄园与桃园（张晓冬 摄）

美国佛罗里达州蓝莓园（陈新 摄）

美国纽约州苹果园（赵德英、陈新 摄）

越南安沛市柑橘园［柱花草（左），巴西刀豆（右）］（刘一明、郁恒福 摄）

日本岩手县苹果园（李好先、陈新 摄）

6. 我国绿肥种植历史如何？

中国种植和利用绿肥已经有 3 000 多年的历史。纵观我国绿肥发展历史，先后经历了除草肥田、养草肥田、栽培绿肥、绿肥学科初建、发展等阶段，反映了中华民族的开拓创新精神和伟大的智慧。

（1）除草肥田时期　公元前 2 世纪以前为锄草肥田时期，西周和春秋战国时期利用锄掉的杂草肥田。《诗经·周颂》中有“其镈斯趙，以薅荼蓼。荼蓼朽止，黍稷茂止”的记载，已认为黍稷生长茂盛与锄下的荼蓼（杂草）腐烂后肥田有关。

（2）养草肥田时期　到公元 2 世纪为养草肥田时期，西汉时期的《氾胜之书》提出了“须草生，至可耕时，有雨即种，土相亲，苗独生，草秽烂，皆成良田。”意思是在土地空闲时，可任杂草生长，在适宜的时机翻入土中作肥料。这种养草肥田方式与现代生草轮作相类似。

（3）栽培绿肥阶段　公元 3 世纪初为绿肥作物开始栽培的时期。西晋郭义恭的《广志》一书中记载：“苕，草色青黄，紫华，十二月稻下种之，蔓延殷盛，可以美田，叶可食。”这表明，当时已种植“苕”（紫云英）作为稻田冬绿肥。

(4) 绿肥学科初建阶段　公元 5 世纪为绿肥学科的初建阶段，到魏晋南北朝时期，绿肥作物栽培与利用在农业生产中有了进一步的发展，绿豆、小豆、芝麻等栽培较多。贾思勰在《齐民要术》载有“凡美田之法，绿豆为上，小豆、胡麻（芝麻）次之”的经验，指出施用绿肥作物的肥田效果是“其美与蚕矢、熟粪同”。《齐民要术》中系统地总结了绿豆、芝麻、紫云英、小豆等绿肥作物的肥田效果以及绿肥在轮作中的地位、栽培方式和利用技术等方面的经验，是中国绿肥发展史上的一个重要里程碑。

(5) 绿肥学科发展阶段　到了唐、宋、元，绿肥的种植与利用技术广泛传播，绿肥作物的种类和面积均有较大的发展；芜菁、蚕豆、麦类、紫花苜蓿和紫云英等，都作为绿肥作物栽培。明、清时期金花菜、油菜、香豆子、肥田萝卜、饭豆和满江红等也相继成为绿肥作物。20 世纪 30～40 年代，又引进田菁、柽麻、毛叶苕子、箭筈豌豆、草木樨和紫穗槐等多种绿肥作物，我国绿肥面积逐步扩大至 2 000 万亩* 左右。

7. 中华人民共和国成立后绿肥种植情况如何?

绿肥是我国传统的有机肥源，是我国肥料行业“三驾马车”（化肥、有机肥、绿肥）之一。在中华人民共和国成立以来的不同历史阶段，由于人们对于绿肥的认识不同，使得我国绿肥研究及利用大致经历了 3 个阶段。

第一阶段，绿肥研究强盛期。中华人民共和国成立初期，我国绿肥面积约为 2 500 万亩，主要集中分布在江苏、浙江、安徽、江西、湖南、湖北、广东、四川等省。在此后 20 余年间，除选种、引种外，还进行了杂交育种、辐射育种，对豆科绿肥、满江红共生固氮机理和绿肥培肥改土、作物增产等方面进行了深入系统地科学研究，促进了生产进一步发展。到 1978 年，我国绿肥栽培面积已

---

* 亩为非法定计量单位，1 亩≈667 平方米。

达1.8亿亩，种植区域遍及全国，绿肥对于我国粮食生产的稳定和发展作出了重大贡献。在科研方面，20世纪60～80年代“全国绿肥试验网”开展了大量工作，取得了许多重要的科研成果，鉴定、选育和推广了一批绿肥作物优良品种，确立了当时我国不同地区、不同种植制度中绿肥作物的有效种植方式。

第二阶段，绿肥研究衰退期。20世纪80年代末至21世纪初，受化肥工业发展、农业种植结构调整、市场经济发展等因素的影响，我国绿肥面积由2亿亩下降至5 000万亩，不到可利用耕地面积的7%，资源浪费巨大。“全国绿肥试验网”也因各种问题解散，人才队伍迅速流失。

第三阶段，绿肥研究恢复期。自2008年国家启动“公益性行业（农业）科研专项——绿肥作物生产与利用技术集成研究与示范”、开始实施绿肥补贴试点以来，绿肥科研和生产逐步恢复，特别是2017年农业农村部将绿肥纳入国家现代农业产业技术体系后，针对主要农区绿肥应用的研究、集成、推广等工作才开始系统进行。

8. 目前国家对发展绿肥产业有哪些政策支持？

绿肥作物作为最清洁低碳的有机肥源。绿肥种植既是我国农耕文明的精华积淀，也是实施乡村振兴战略，深入推进农业绿色化、优质化、特色化发展，推动农业由增产导向转向提质导向的重要一环。2007年中央1号文件指出，“鼓励农民发展绿肥、秸秆还田和施用农家肥”；2009年中央1号文件提出，“开展鼓励农民增施有机肥、种植绿肥、秸秆还田奖补试点”。2017年，农业农村部启动“果菜茶有机肥替代化肥行动”，其中的“自然生草+绿肥”模式是果园4种替代技术模式之一，支持农民在菜园、果园、茶园种植绿肥，改良土壤、培肥地力。

2018年，在3 000万亩耕地轮作休耕试点任务中，明确要求试点省份引导农民在休耕期间种植绿肥，减少地表裸露，提升土壤有机质含量，改善土壤理化性状，培肥地力。为保障种植绿肥等措施落实到位，允许耕地轮作休耕试点补助资金对绿肥播种、机械开沟和翻压还田等予以适当补助，调动了农民种植绿肥的积极性。各试点省份对种植绿肥给予不同程度的补贴，例如，江苏省轮作绿肥补助为100～250元/亩，浙江省冬绿肥示范县补助30万元。山东省果菜茶有机肥替代化肥示范县果园种草补贴草种价格的50%，每亩限300元。河北省休耕农田轮作绿肥补助150元/亩。

9. 目前国家对发展绿肥产业有哪些技术支持？

2018年，农业农村部印发《农业绿色发展技术导则（2018—2030年）》，将“绿肥作物生产与利用技术”“农田绿肥高效生产及化肥替代技术”等，列入耕地质量提升与保育、化肥农药减施增效重点集成示范技术之一。“果园绿肥豆菜轮茬增肥技术”与“稻田冬绿肥全程机械化生产技术”被农业农村部列入2019年农业主推技术。河北省将“观赏型绿肥作物旱作生产技术”和“覆盖型绿肥作物旱作生产技术”列入2020年地下水超采综合治理季节性休耕技术。

10. 全国绿肥面积和生产情况如何？

据国家绿肥产业技术体系针对24个省份的调查结果得出，2019年全国绿肥面积约6 588万亩，其中农田绿肥5 500多万亩、果园绿肥1 080多万亩。各地“绿肥＋”有机/绿色稻米、特色果品、种业、乡村旅游等产业模式逐渐形成，“绿肥＋”产业机制开始显现价值。2019年，绿肥相关产品（大米、田菁胶、蜂蜜、果品等）贸易额约1 500万元。其次，绿肥在助力脱贫攻坚中发挥了积极作用，支持和培育新型农业经营主体300多个，产业扶贫增值3 300多万元。

11. 种植绿肥对土壤质量有哪些好处？

（1）丰富土壤养分 绿肥的根茎叶含有丰富的养分，翻压还田后在土壤中腐解，能增加土壤中的有机质和氮、磷、钾、钙、镁以及多种微量元素。据估算，每吨绿肥鲜草，一般可供出氮素 6.3 千克、磷素 1.3 千克、钾素 5 千克，相当于 13.7 千克尿素，6 千克过磷酸钙和 10 千克硫酸钾。

（2）加快土壤中难溶性养分转化 绿肥作物在生长过程中根系分泌物和翻压后植株分解产生的有机酸能使土壤中难溶性的磷、钾转化为作物能吸收利用的有效性磷、钾。例如，水生绿肥有较强的富集钾的能力；十字花科绿肥根系有较强的解磷作用，能较好地利用难溶性磷酸盐中的磷。

（3）改善土壤的物理化学性状 绿肥翻入土壤后，在微生物的作用下，不断地分解，除释放出大量有效养分外，还形成腐殖质，腐殖质与钙结合能使土壤胶结成团粒结构。禾本科绿肥施入土壤后腐殖化系数高达 0.50～0.55，能显著增加土壤有机质和土壤水稳性团聚体，促进土壤团粒结构的形成。土壤疏松、透气，保水保肥能力增强，调节水、肥、气、热，有利于作物生长。

（4）促进土壤微生物的活动 绿肥根系可分泌多种有机酸、氨基酸等物质，为根际微生物提供了丰富的碳、氮营养，促使根际微生物数量增加，活性增强。绿肥施入土壤后，增加了新鲜有机能源物质，加速微生物的繁殖能力和活动性，促进腐殖质的形成，提高养分的有效化，加速土壤熟化。

紫云英根瘤（左）、田菁根瘤（中）、毛叶苕子根瘤（右）（张晓冬、朱国梁 摄）

毛叶苕子对土壤培肥效果（朱国梁、冯伟 摄）

12. 种植绿肥对生态环境有哪些好处?

(1) 节能减耗、提质增效 利用绿肥作物可节省肥料，例如，1亩紫云英可固氮（N）10千克，活化、吸收钾（K_2O）8千克，可以替代部分化肥。在水稻产区，种植并利用绿肥后水稻当季化肥减施20%～40%，稻田氮、磷流失减少25%以上，土壤质量提升，水稻产量提高10%左右，稻米品质提升，实现了水稻生产绿色发展和提质增效。在水果产区，种植并利用绿肥后果园土壤有机质由0.6%～0.8%提升至1.1%～1.2%，果品品质明显提升，产品进入高端市场，同时每年可减少人工或机械除草费用100～250元/亩，实现了除草剂零使用。

(2) 防止水土流失、改善生态环境 绿肥作物多是利用空闲季节和空闲土地来种植，可以有效减少裸露土地面积，大幅度减少种植区的水土流失和风沙扬尘，改善生态环境。种植并利用绿肥作物，还可以减少化肥施用，提高肥料利用率、减少养分流失对水体的污染，缓解面源污染、改善农田与水体环境。

13. 什么是豆科绿肥的共生固氮?

固氮微生物与豆科绿肥作物在常温常压下利用生物能，将空气中游离的氮固定并转化为植物可吸收的氨，继而转化成氨基酸等含氮化合物，为植物提供氮素营养的过程。共生固氮是豆科绿肥最主要特征，几乎所有的豆科绿肥都有相适应的根瘤菌与其共生。共生固氮体系的固氮效率比自生固氮体系高。根瘤菌与豆科绿肥的共生固氮体系是农业氮素循环的重要环节，在自然界的氮素循环中占有重要地位。

14. 为什么豆科绿肥的培肥效果优于非豆科绿肥？

（1）共生固氮　大多数豆科绿肥作物根系上着生根瘤，可通过共生固氮将空气中氮素固定转化成有机氮化物，为土壤提供大量活性有机氮。

（2）吸收难溶性养分的能力强　植物吸收难溶性养分的能力与其根系的阳离子代换量有关。豆科绿肥根系阳离子交换量比禾本科绿肥高，故豆科绿肥对土壤矿物中的镁、磷等养分的吸收能力强。如苕子能有效地利用蛇纹石中的镁和磷矿粉中的磷，紫云英对磷矿石中磷的吸收能力亦很强。

（3）腐殖化系数小，养分释放速率快　豆科绿肥 C/N 值小，木质素含量低，矿化作用快，养分释放速率亦快，腐殖化系数较小。如旱地施用豆科绿肥后一般腐殖化系数为 0.25～0.40，残留在土壤中的有机质含量仅为总压入量（干物质）的 10%～20%，而禾本科绿肥施入土壤后腐殖化系数高达 0.50～0.55，施用豆科绿肥对提高土壤有机碳的数量不及禾本科绿肥，但能活化更新土壤有机质，改善土壤有机质组成，使土壤腐殖质中的紧结合态腐殖质含量增加，易氧化有机质含量和增殖复合度及供氮能力都有所提高。

（4）根际微生物活性高　豆科绿肥根系可分泌多种有机酸、氨基酸等有机物质，为根际微生物提供了丰富的碳、氮营养，根际微生物数量增加，活性增强；根际细菌、放线菌和真菌数均比禾本科绿肥高；根际解磷微生物的活性增强，促进土壤难溶性磷化合物的转化，提高土壤磷的有效性和土壤酶活性。

因此，豆科绿肥富集和活化土壤养分能力较强，可以更好地活化和更新土壤有机质，富集土壤养分，提高土壤微生物活性，培肥效果优于非豆科绿肥。

第二章 绿肥主要种植制度

一、西北麦后复种或套播绿肥

15. 西北地区如何实现麦后复种或套播绿肥？

甘肃、青海、新疆等西北地区利用麦类作物（小麦、大麦等）收获至入冬前的2～3月空闲期，套种或复播毛叶苕子、箭筈豌豆、草木樨等豆类绿肥作物，既能很好地利用光、热、水资源，还能起到轮作倒茬、培育耕地等作用。此外，还可以提供饲草，避免冬闲田耕地裸露，防止沙尘暴，改善生态环境。

16. 西北麦后复种或套播如何选择绿肥作物及品种？

毛叶苕子宜选用速生早发的土库曼毛苕、徐苕1号、青苕1号、鲁苕1号等品种；箭筈豌豆宜选用速生早发的陇箭1号、春箭豌、清水河箭豌等品种；草木樨宜选用中早熟的越年生草木樨品种，如黄花或白花草木樨；冬油菜选用抗寒性强的陇油9号。

17. 西北麦后复种或套播绿肥种子用量如何确定？

麦田套播绿肥种子用量为毛叶苕子单播播种量4千克/亩，箭筈豌豆单播播种量10千克/亩，草木樨单播播种量1.5～2.0千克/亩，冬油菜单播播种量0.5～1.0千克/亩。毛叶苕子与箭筈豌豆混播，比例为1∶4，毛叶苕子播种量约1.5千克/亩，箭筈豌豆播种量约6千克/亩。

18. 西北麦后复种或套播绿肥如何播种？

复种绿肥可在麦类作物收获后抢时播种箭筈豌豆、毛叶苕子。套播毛叶苕子和箭筈豌豆适宜播期为：麦类扬花至灌浆阶段

(即6月下旬至7月上旬)；套播草木樨在春麦期灌第一次水（4月下旬)、第二次水（5月中下旬)，或者冬小麦灌返青水（4月中旬)、灌二水（5月中旬)；油菜在8月上旬播种较适宜。套播草木樨时，小麦最好实行宽窄行（宽行20厘米、窄行10厘米）条播。麦田套（复）种绿肥，以撒播为主，将绿肥种子均匀撒入小麦田间，立即灌水。

19. 西北麦后复种或套播绿肥如何进行田间管理?

小麦高茬收割，留茬高度20～30厘米。小麦收后随即灌水。绿肥生长期间灌水2～3次。在灌第二次水时每亩追施尿素3～5千克，土壤肥力高的地块可不追肥。

20. 西北麦后复种或套播绿肥如何翻压或刈割?

草木樨、毛叶苕子、箭筈豌豆在9月中下旬，用秸秆粉碎机粉碎后翻压，平整田面，灌好冬水，促进腐解。如刈割饲用绿肥，毛叶苕子和箭筈豌豆在10月中下旬、草木樨于9月下旬刈割，留茬高度15～20厘米，有利于防止风沙、保护耕地。

甘肃小麦复种毛叶苕子［播种（左)、大田（中)、翻压（右)］(张久东 摄)

内蒙古小麦套种毛叶苕子［播种（左)、出苗（中)、大田（右)］(任永峰 摄)

青海小麦复种箭筈豌豆［播种（左）、大田（中）、放牧（右）］（韩梅 摄）

甘肃小麦套播箭筈豌豆［小麦收获（左）、大田（中）、翻压（右）］（张久东 摄）

二、西南旱作绿肥

21. 西南旱地如何在秋冬季实现绿肥高效绿色生产？

云南、贵州、四川、广西等西南地区玉米、烟草等作物收获后，秋冬季节耕地多处于闲置及裸露状态，为发展绿肥提供了有效空间。通过旱作绿肥品种配置，可构建适合于西南气候、土壤和农业生产实际的简便、易行、高效的绿肥生产模式，能很好地促进西南旱地土壤保育和化肥减量增效。

22. 西南旱作绿肥种子用量如何确定？

一般玉米或烟草收获后，光叶苕子、毛叶苕子、箭筈豌豆种子用量 3～5 千克/亩，肥田萝卜 2～4 千克/亩。

23. 西南旱作绿肥如何播种？

玉米收获、秸秆切碎还田后，如阴雨天气或雨后（土壤水分含量在30%左右）建议撒播；如土壤含水量不够则建议穴播，穴距30厘米。烟草上部叶采收前或采收后1周内穴播，穴距30厘米；马铃薯收获后耙平土地，采用撒播方式进行绿肥播种。

24. 西南旱作绿肥如何进行田间管理?

绿肥播种后3～5天开始出苗，前期生长较缓慢；翌年1月后进入快速生长期，并进入初花期，2～3月进入盛花期，此时生物量最大，可翻压还田。马铃薯种植较早，绿肥可提前到2月底翻压。春播作物可在绿肥翻压20天后进行播种或移栽。

25. 西南旱作绿肥如何减少化肥的使用?

在磷、钾肥用量相同情况下，每亩翻压1 000千克绿肥，可减少化学氮肥施用量10%～30%。磷、钾肥一次性作基肥施用，氮肥按减量后用量，并根据作物需肥规律按比例适时施用。

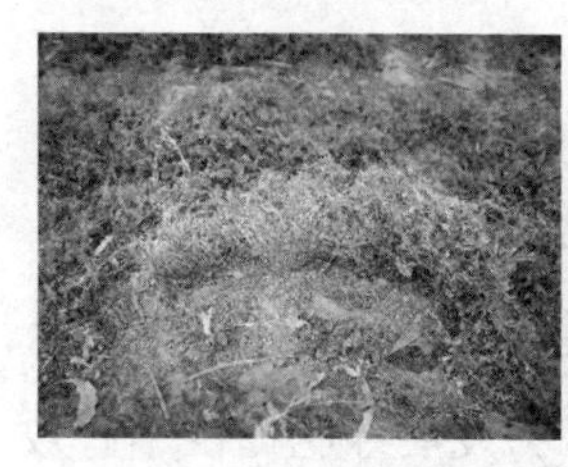

云南玉米（左）、烟草（中）收获后穴播光叶苕子与饲草加工（右）
（张晓冬、付利波 摄）

贵州玉米套种光叶苕子（左）、大田（中）与刈割晾晒饲草（右）（王文华 摄）

三、华北复种或套播绿肥

26. 华北农区冬闲田如何种植绿肥?

北京、天津、河北、山东等春玉米、棉花、春花生、春谷等一年一熟地区，可利用雨季降雨和冬前的光热条件，进行冬绿肥复种或套播，能有效解决华北地区冬闲耕地裸露及花生连作障碍等问题，涵养水土，培肥地力，改善农田生态环境，提升农产品产量与品质。

27. 华北复种或套播绿肥如何播种?

二月兰播种量 1.5～2.0 千克/亩，7～8 月撒播，最好在最后一次中耕除草前 1 天或者在雨天前几日播种二月兰。毛叶苕子播种量 4 千克/亩，冬油菜播种量 1.0～1.5 千克/亩；8～9 月播种较好，最晚至 10 月上旬。

28. 华北复种或套播绿肥如何进行田间管理?

可在绿肥返青时撒施尿素 5～10 千克/亩，然后灌水，以提高绿肥产量。在绿肥盛花期或下茬作物播种前 7～10 天旋耕翻压，翻耕深度 15～20 厘米。翻压后无降雨时，应灌水。

山东谷子（左）、玉米（右）套播毛叶苕子（朱国梁 摄）

河北玉米套播二月兰（左）、毛叶苕子（右）（冯伟 摄）

四、南方稻田冬绿肥

29. 南方稻田冬绿肥如何种植？

南方单、双季稻区以冬闲田削减、化肥减施、耕地质量提升、稻米清洁生产为主要目标，利用冬闲田种植紫云英或毛叶苕子，可实现南方稻田冬季绿色覆盖、化肥减施30%或者更高的目标，农田生态环境和农业清洁生产水平明显改善和提升。

30. 南方稻田冬绿肥如何播种？

紫云英播种量约2千克/亩，排水较好的稻田也可用毛叶苕子，其播种量3～4千克/亩。在中/晚稻收获前15～20天套播，收割机割稻，高留茬30厘米左右，稻草切碎还田。高留茬稻田亦可在水稻收割后及时撒播绿肥。

31. 南方稻田冬绿肥如何进行田间管理？

绿肥田要根据田块大小，适时开围沟或中沟排水，沟宽、沟深各15～20厘米，沟沟相通。中/晚稻收割前7～10天落干，保持收割时田面干爽。早稻栽插前5～10天就地翻压，机械干耕湿沤。翻压前最好配施石灰40～50千克/亩。

32. 南方稻田冬绿肥如何减少化肥的使用?

紫云英翻压量为每 1 000 千克/亩的绿肥鲜草，可减施化肥 10%～15%。磷、钾肥一次性基施，氮肥按照基肥：分蘖肥：穗肥=3：4：3 或 5：5：0 比例施用。

广西水稻高留茬套播紫云英（李忠义 摄）

第三章 主要绿肥作物种植技术

一、紫云英

33. 紫云英的植物学特征有哪些?

紫云英（*Astragalus sinicus* L.）又名翘摇、红花草等，是豆科黄耆属越年生绿肥作物。紫云英自然分布于四川、湖南、湖北、陕西等地区，是我国稻田最主要的冬季绿肥作物。日本等亚洲国家种植也较普遍。

紫云英原产于中国，栽培历史悠久。14～17 世纪，长江中下游地区已有大面积种植。到 20 世纪中叶，北至江苏、安徽、河南，南至广东、广西，西至四川川西平原，均有种植，面积约 1 000 万亩；到 20 世纪 70～80 年代，在苏北、豫中、关中地区试种成功，种植地区逐步扩大，由平原和河谷向丘陵、山区、红黄壤旱地发展，面积达 1 亿亩左右。

紫云英主根肥大，一般入土 40～50 厘米，主根上长出的侧根和次生侧根发达，主要分布在耕作层，以 10 厘米土层内居多，可占整个根系重量的 70%～80%。主根、侧根和地表的细根上均着生深红色或褐色根瘤，形状有球状、短棒状、指状、叉状、掌状和块状等。茎呈圆柱形，中空，有疏茸毛，色淡绿、红紫；茎直立或匍匐长 30～100 厘米，每株分枝 3～5 个。奇数羽状复叶，具 7～13 枚小叶；小叶全缘，倒卵形或椭圆形，叶面有光泽，疏生短茸毛。伞形花序，一般都是腋生，也有顶生；有小花 3～15 朵，通常为 8～10 朵，顶生的花序最多可达 30 朵；总花梗长 5～15 厘米，最长可达 25 厘米；花萼 5 片，上呈三角形；蝶形花冠，花色紫红色、淡紫色、白色；旗瓣倒心脏形，雌蕊在雄蕊中央，花柱和龙骨瓣一样向内弯曲，柱头球形，表面有毛，子房两室，子房基部有蜜腺。荚果红长，成熟时黑色，每荚有种子 5～10 粒，种子肾形，黄绿色有光泽，千粒重 2.6～3.4 克。

34. 紫云英的生长习性有哪些？

紫云英性喜温暖的气候，有明显的越冬期，在湿润且排水良好的土壤中生长良好，怕旱又怕渍，生长最适宜的土壤含水量为 20%～25%。紫云英种子萌发的适宜温度为 15～25 ℃，紫云英苗期株高低于 8 ℃生长缓慢，开春后随温度上升到 6～8 ℃时生长速度逐渐加快。开花结荚的最适温度为 13～20 ℃，在现蕾期以后生长增加，始花到盛花期的生长速度最快，紫云英的开花期一般为 30～40 天，早熟品种花期相对较长，晚熟品种花期较短；主茎和基部第一对分枝的花先开，以后按分枝出现的先后，依序开放。主茎及分枝均是由下向上各花序依次逐个开放。紫云英的自然杂交率很高，一般为 60% 以上。种荚由青而黄至变黑，一般需 20～30 天。

35. 紫云英的常见品种有哪些？

早熟品种有闽紫 1 号、桂紫云英 7 号、乐平种、常德种等，中熟品种有余江大叶种、萍宁 3 号、闽紫 6 号等，晚熟品种有宁波大桥种、闽紫 4 号、浙紫 5 号、信紫 1 号、信白 1 号等。

(1) 闽紫 1 号 闽紫 1 号紫云英是福建省农业科学院土壤肥料研究所从四川南充地区的 74（3）104－1 系统选育而成。属于早熟品种，全生育期 190～210 天。该品种早发性好，植株较高大，茎秆粗壮，叶片大，叶色黄绿，有序生花序，每分枝花序数和结荚数较多，分枝力中等。一般盛花期株高 65～85 厘米，终花期株高 90～120 厘米，茎粗 0.45～0.50 厘米，每分枝有结荚花序 5～7 个，每荚种子 6 粒左右，千粒重 3.3～3.5 克。盛花期鲜草产量约 2.9 吨/亩，种子产量 37.5 千克/亩。抗旱能力较强，抗寒和耐渍能力中等，在我国淮河以南地区可安全过冬。较易感染菌核病。

闽紫 1 号紫云英（何春梅 摄）

（2）乐平种 乐平种紫云英原产于江西乐平，为该地区早熟紫云英地方品种。在南昌地区 9 月下旬至 10 月上旬播种，一般 4 月中上旬达盛花期，5 月初种子成熟，全生育期 188～208 天。苗期生长较慢，部分植株叶片有紫色花纹。植株较矮，茎秆较细，一般盛花期株高 55～75 厘米，终花期株高 100 厘米左右，茎粗 0.40～0.45厘米，叶片较小，盛花期鲜草产量 2 吨/亩，种子产量 30～40 千克/亩。抗寒力中等，抗菌核病能力较弱。

乐平种紫云英（何春梅 摄）

（3）桂紫云英 7 号 桂紫云英 7 号紫云英由广西壮族自治区农业科学院农业资源与环境研究所从“萍宁 72 号”优势株系中选育而来。早生快发，全生育期 170～210 天，叶片宽大，盛花期株高 40～80 厘米，茎粗 3～8 毫米，花冠紫红色，种子肾形、黄绿色，盛花期鲜草产量 2.3 吨/亩，种子产量 30～40 千克/亩。

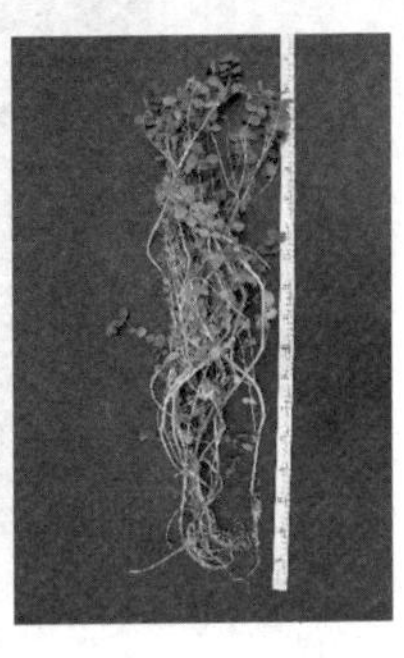

桂紫云英 7 号（李忠义 摄）

（4）常德种 常德种紫云英是湖南省早熟地方品种。全生育期 220～230 天。植株较高大，前期生长较慢，抗菌核病力一般。该品种一般盛花期鲜草产量 2.3～3.0 吨/亩，种子产量 30～40 千克/亩。

常德种紫云英（何春梅 摄）

（5）余江大叶种 余江大叶种紫云英原产江西省余江县，为江西省优良的地方品种，属于中熟偏早品种，全生育期 205～225 天。前期生长较快，植株可达 80～100 厘米，茎秆粗壮，根瘤较多，根系较发达，叶较大，叶色青绿，冬天有红叶。植株分枝力强，每株分枝多在 5～6 个，抗寒能力中等，抗菌核病能力稍弱。盛花期鲜草产量 2.0～2.6 吨/亩，种子产量 30～40 千克/亩。

余江大叶种紫云英（何春梅 摄）

（6）萍宁 3 号 萍宁 3 号紫云英是广西壮族自治区农业科学院农业资源与环境研究所以萍乡种为母本、宁波大桥种为父本进行杂交选育而成，为中熟品种，全生育期 200～215 天。该品种苗期生长快，植株高大，茎秆粗壮，分枝能力较弱，叶片较大，抗寒力较差，较抗白粉病，中抗菌核病，较耐渍和耐旱。盛花期鲜草产量 2.5～3.0 吨/亩，种子产量 30～40 千克/亩。

萍宁 3 号紫云英（何春梅 摄）

（7）闽紫 6 号 闽紫 6 号紫云英是福建省农业科学院土壤肥料研究所以江西省南城县的株良种为母本浙紫 5 号-13 为父本杂交选育而成，属于中熟品种，该品种一般 3 月中旬初花，3 月下旬盛花，4 月底至 5 月上旬种子成熟，全生育期 200～220 天。植株早发性好，株高较高，茎秆粗壮，茎粗 5.1～5.5 毫米，分枝能力中等，株高 90～110 厘米；叶色较浓绿，花浅紫色，并有少数粉白色，每分枝结荚花序数 5～12 个，每花序结荚数 4～5 个，每荚粒数 6～7 个，种子扁肾形、黄绿色，千粒重 3.3～3.4 克，盛花期鲜草产量 2.6～3.3 吨/亩，种子产量 30～45 千克/亩。

闽紫 6 号紫云英（何春梅 摄）

（8）宁波大桥种 宁波大桥种紫云英原产于浙江省宁波市，属晚熟品种，全生育期 240 天。植株高大，茎秆粗壮，茎色较青，节数多，始荚花序离地高，叶较大，叶色青绿，盛花期株高 70～90 厘米，成熟期株高 110～150 厘米，茎粗 0.5 厘米左右，千粒重 3.2～3.5 克。盛花期鲜草产量 2.6～3.3 吨/亩，种子产量 30～40 千克/亩。抗寒能力和抗菌核病能力中等。

宁波大桥种紫云英（何春梅、刘佳 摄）

（9）闽紫 4 号 闽紫 4 号紫云英是福建省农业科学院土壤肥料研究所用 67－232×光泽种杂交选育而成，属晚熟品种，全生育期

184～230 天。该品种植株高大，茎秆粗壮，叶色较深，叶片较大，每分枝结荚花序数和结荚数较多，但每荚粒数较少。一般盛花期株高 70～110 厘米，终花期株高 100～140 厘米，茎粗 0.5 厘米左右，每分枝有结荚花序 5～6 个，每花序结荚 5～6 个，每荚平均有 6 粒种子。盛花期鲜草产量 3.0～4.5 吨/亩，种子产量 30～37 千克/亩。

闽紫 4 号紫云英（何春梅 摄）

（10）浙紫 5 号　浙紫 5 号紫云英是浙江省农业科学院土壤肥料研究所以宁波大桥种的优良株系 66 - 140 为母本、日本种为父本进行杂交选育而成，属于晚熟品种，全生育期236～240 天。该品种冬前生长缓慢，叶色较绿，春后生产较快，分枝发达，茎秆粗壮。一般盛花期株高 80～90 厘米，终花期株高 110～140 厘米。始荚花序离地面较高，为 60～70 厘米。盛花期鲜草产量 2.6～3.3 吨/亩，种子产量 30～40 千克/亩。该品种花期较集中，成熟比较一致，抗寒力强，较抗菌核病，适于在杭州以北地区推广。

浙紫 5 号紫云英（何春梅 摄）

(11) 信紫1号 信紫1号紫云英由信阳市农业科学院以信阳紫云英为基础群体经系统选育法育成。该品种苗期生长健壮，生长势强，茎叶为绿带紫色，叶片宽大，为奇数羽状复叶，花浅紫色，总状花序，每花序有7～11朵小花，顶生花数最多可达30朵，排列成伞形，花萼5片，花冠蝶形。株高78.8厘米，单株分枝5个，每株荚穗数59个，荚穗长2.7厘米，每荚穗粒数4.7厘米，荚黑色，种子肾形，黄绿色，千粒重3.2克。抗寒、抗旱及抗病力强。在信阳市8月底稻田套播，翌年2月初开始返青，3月上旬现蕾，4月中旬达到盛花期，5月中旬种子成熟，全生育期250天左右。盛花期鲜草产量2.5吨/亩，种子产量50千克/亩。

信紫1号紫云英（吕玉虎 摄）

(12) 信白1号 信白1号紫云英由信阳市农业科学院经系统选育法育成，亲本为信阳紫云英的白花变异群体。植株高大、茎秆粗、叶片多、分枝多，生长旺盛，产草量较高，产种量大。茎叶均为绿色，茎直立，苗期生长健壮，株高70～85厘米，单株分枝5～9个，花纯白色，每花序有7～11朵小花，顶生花数最多可达30朵，花萼5片，花冠蝶形。荚穗长3厘米左右，每荚穗粒数5～8个，荚黑色，种子肾形，黄绿色，千粒重3.1克。抗寒、抗旱及抗病力强。在信阳市8月底至9月上旬稻底套播，全生育期240～250天。盛花期鲜草产量2.2吨/亩，种子产量45千克/亩。

信白1号紫云英（吕玉虎 摄）

36. 紫云英种子的标准是什么？

根据《绿肥种子》（GB 8080—2010）要求，紫云英原种要求纯度≥99%，净度≥97%，发芽率≥80%，水分≤10%。紫云英大田用种要求纯度≥96%，净度≥97%，发芽率≥80%，水分≤10%。

37. 紫云英如何提高种子发芽率？

(1) 盐水选种 用浓度10%左右的盐水选种，捞去漂浮水面的杂物，然后用清水冲洗2～3遍。盐水选种可以除去种子中混杂的菌核及劣质种子。菌核捞出后应用火烧毁。

(2) 晒种 将紫云英种子曝晒半天到1天。晒种可以提高种子的生活力。

(3) 擦种 种子和细沙按照2∶1的比例拌匀后装在编织袋中搓揉5～10分钟，以擦破种皮，加速种子对水分的吸收，提高其发芽率。

38. 紫云英如何接种根瘤菌？

在新区或多年未种植紫云英的地块，应接种根瘤菌。一般可购买紫云英专属根瘤菌，按产品说明书操作即可。每千克根瘤菌菌剂可拌紫云英种子15～20千克。

39. 紫云英如何播种?

稻底套播紫云英的具体播期，应根据水稻生育状况及天气情况，选择稻穗勾头时为宜。紫云英一般以 9 月上中旬至 10 月上中旬播种的鲜草产量最高，此后播种的鲜草产量逐渐下降。水稻收割后播种紫云英，应抢时及早播种。紫云英一般撒播，每亩播种 2～3 千克。

40. 紫云英如何施肥?

水稻收获后，如未施基肥的，应及时追施磷、钾肥。每亩用过磷酸钙 15～20 千克、氯化钾 4～6 千克，以促进紫云英根瘤生长和壮苗培育。紫云英始花时，喷施 0.2%～0.3%硼砂溶液或 0.05%钼酸铵溶液。稻田肥力较低时，建议采取上述施肥措施。但如果稻田肥力较高或者对紫云英鲜草产量要求不高时，在紫云英生产过程中也可不施肥或少施肥，以减少农事操作，降低成本。

41. 紫云英如何进行水分管理?

播种紫云英时保持田面湿润或有薄水层，做到“薄水播种、胀籽排水、见芽落干、湿润扎根”。水稻收获后，遇干旱应及时灌水防旱。分枝期要注意清沟排渍。

紫云英性喜湿润，忌渍水，应开好“三沟”（横沟、竖沟和边沟），做到沟沟相通，达到雨停田干。水稻收获后，播种时未开“三沟”的地块，应及时开沟。已经开沟的田块，应注意清沟排渍。

42. 紫云英如何防治病害?

（1）菌核病　紫云英菌核病主要以菌核混在种子中传播或落在地面越夏、越冬，至晚秋或早春温湿度适宜时，萌发出菌丝和子囊盘。紫云英菌核病，一般在 12 月中上旬至翌年 1～2 月发生，3～4 月危害最严重。当菌核随紫云英种子播于田中后，部分菌核吸水膨胀。当日均气温为 5～10 ℃时，病菌长成菌丝为害幼苗；低于 0 ℃时，停止蔓延。开春后，随着气温回升和雨水增多，病菌菌丝大量蔓延侵害。紫云英连作，播种前未用盐水选种，或田间排水不良，湿度较大，均能导致菌核病发生。

菌核病主要为害紫云英的茎秆和叶片，苗期在茎基一侧开始发生，病斑初呈紫红色，开始为小型病斑，继而扩展成水渍状，严重时幼苗软腐，病部以上凋萎，并长成白色菌丝，在田间形成大小不等的窟窿状病穴，俗称“鸡窝瘟”和“牛脚瘟”。菌丝布满紫云英后约 7 天织结成团，形成菌核，先是白色，后变为黑色，鼠粪状。在成株期，菌丝侵染中、下部的茎叶表皮，形成白色湿腐状病斑，以后病斑变为紫红色，常在分枝处产生菌核。结荚期，病茎内部呈紫红色，长白色菌丝并结成菌核，但植株较少凋萎或腐烂。

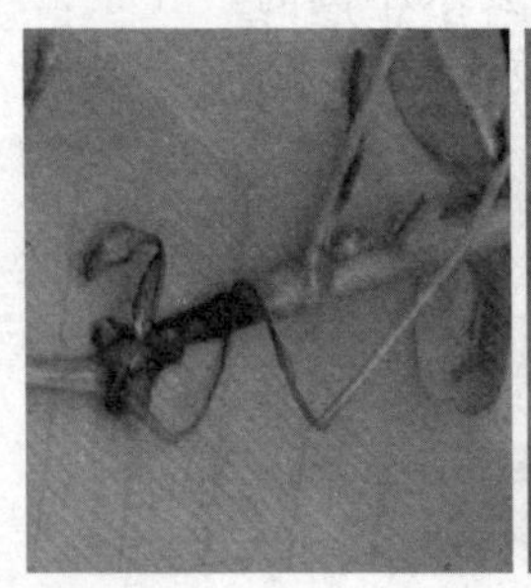
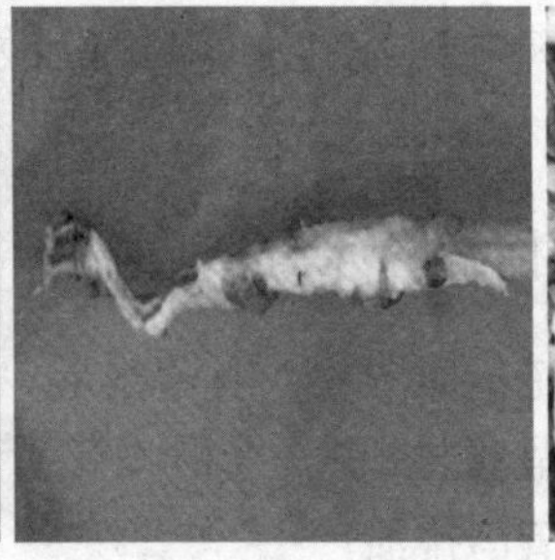

紫云英菌核病（赵文生 摄）

稻底套播紫云英前或水稻收割后进田间开沟，在春季雨水较多时及时清沟排渍，降低田间湿度，以减少菌核病的发生。播种前，10％～13％盐水选种，迅速捞取菌核，再用清水洗净种子上的盐分。在初花至盛花期进行施药防治，可选择 25％咪鲜胺乳油 30～50 毫升，或 70％甲基硫菌灵可湿性粉剂 500～1 500倍液，或 50％多菌灵可湿性粉剂 1 000 倍液喷雾。施药时，尽量将药液喷于植株中下部茎叶上，注意喷洒均匀，全面覆盖。

（2）白粉病 白粉病是南方紫云英常见的一种真菌性病害，在广东、广西、福建、江西和湖南南部发病较为严重。发病时，最初在紫云英叶片表面上零星出现小斑点，以后逐渐向四周扩散形成一层白粉，为白粉病的分生孢子和菌丝。病害严重时，可使叶片逐渐卷缩、变黄或枯落，落花，果荚变小变瘪。

白粉病寄主广泛，互为菌源，以分生孢子借风雨传播，造成感染。当气温较高，多雨阴湿，紫云英生长茂盛，田间湿度大，病原快速蔓延，危害严重。10 月中下旬开始发生，11 月中下旬至 12 月中旬出现第 1 次发病高峰，低温则停止蔓延；翌年 3 月气温上升，出现第 2 次发病高峰。

开好排水沟，防止田间渍水；当过于干旱时要及时灌水，保持土壤湿润，有利于降低紫云英白粉病的发生程度。发病初期可用 15%三唑酮（粉锈宁）1 500 倍液喷雾，施药时，叶的正反面都要尽量喷到。

紫云英白粉病（段廷玉 摄）

（3）轮纹斑病 轮纹斑病在南方各省紫云英产区均有发生，整个生育期均能发病，对种子生产影响较大。紫云英第一片真叶出现后即可发病，并蔓延到第二、第三片真叶；翌年 3 月，又在新叶上发生，一般以开花期、结荚期危害较重，对种子生产影响较大。当多雨、排水不良、田间湿度大、种植密度高时易发重病。以分生孢子在病部越冬。

多发生在中下部叶片上，病斑从叶片的尖缘或边缘开始，初起为针头状大小的褐色斑点，后慢慢出现淡褐色的圆形或不规则形病斑，有时斑点内稍带轮纹，斑点的边缘呈淡紫褐色，中部产生暗灰色霉斑。受害严重时，叶片萎蔫枯死。茎部或花梗处的病斑，为红褐色或茶褐色窄条状梭形斑，长约0.5厘米，表皮枯死，严重时全茎枯死。

田间开好排水沟，降低田间水位和湿度，并增施磷、钾肥，以增强紫云英抗病能力。发病时，每亩用80%大生M-45可湿性粉剂800倍液50～60千克喷雾，或0.05%～0.10%的多菌灵液50千克喷雾。

43. 紫云英如何防治虫害?

（1）危害部位及特征 紫云英主要有蚜虫、潜叶蝇、蓟马等虫害。10～12月或翌年3～5月，蚜虫聚集到紫云英顶部，危害嫩芽、嫩叶和花蕾。蚜虫用刺吸式口器插入植株组织中吸取汁液，使茎叶萎缩，植株生长停滞。

潜叶蝇幼虫在紫云英叶片内潜食叶肉，一般在紫云英生育的中后期危害最重。

10～11月，蓟马成虫迁入紫云英植株上越冬，喜欢群聚在叶背和茎皮裂缝中。开春后危害嫩叶嫩芽，开花后则转入新鲜的花朵中大量产卵繁殖，若虫孵出后即侵入花器取食为害，造成花冠萎缩、花瓣脱落、花不能结实或种子畸形；严重时，全田花荚俱毁。成虫老熟后钻入表土化蛹。

（2）防治措施 每亩用25%辟蚜雾水分散粒剂15～20克兑水50千克喷雾，既杀死蚜虫、潜叶蝇、蓟马，又可以保护蜜蜂。也可考虑用其他药物，但要考虑是否会对蜜蜂造成伤害。

44. 紫云英如何翻压利用?

紫云英翻压量，以每亩1 500千克为宜，一般在初花期至盛花期翻压。翻压前1～2天进行浅水翻耕，翻压深度应达15厘米左右，翻压紫云英时要做到均匀，覆土严密不露青，多余的量可以割埋至另一田块或割下作青贮饲料等利用。

45. 紫云英如何饲用?

紫云英鲜草可作为牲畜青饲或调制干草，适口性好，各类家畜均喜食；而且营养价值高，是家畜的优质青绿饲料和蛋白质补充饲料，喂猪效果更好。紫云英做饲草时，植株上部的 2/3 作饲料，植株下部 1/3 及根部作绿肥。牛、羊等反刍牲畜饲喂量不宜过大，以免引起胀气。

46. 紫云英种子何时收获?

在 5 月上旬 75%～80%的种荚变黑时收获，正常的种子为黄绿色，收获过早，青秕粒多；收获过晚，紫云英种子容易落荚。

紫云英机械收种（何春梅 摄）

二、田菁

47. 为什么说田菁是盐碱地修复和改造的先锋植物?

田菁［*Sesbania cannabina*（Retz.）Poir.］，又名普通田菁、碱菁、涝豆等，是豆科田菁属一年生绿肥作物。田菁原产于热带和亚热带地区，是生产上普遍种植的种类，自然分布于亚洲、非洲及大洋洲。在中国主要分布在福建、广东、台湾、浙江等地。生于田间、路旁或潮湿地。现在我国长江流域和华北地区种植面积较大，其他地区都可以栽培，是我国重要的夏季绿肥。

田菁具有较强的抗逆性，土壤适应性极强，在酸性、碱性、盐碱土、旱地、涝地均可生长，全国各省均有种植。田菁具有耐盐、耐涝、耐瘠等特性。耐盐是田菁的一个重要特征，其耐盐能力随苗龄的增长而提高。一般情况下，田菁在土壤耕层全盐含量为0.4%～0.5%时可以良好生长。田菁原产于低洼潮湿地区，故其耐涝性很强。苗期水淹时，只要未没顶，均可成活和生长，到了田菁生长后期，淹水时间长达一个月仍可以生长。田菁根系发达，多分布在 20～40 厘米的土层内，根瘤多而大，固氮能力强，在瘠薄地上能良好生长，这使得田菁成为一种优良的夏季绿肥，可作为盐碱地修复和改造的先锋植物。

48. 为什么说田菁是多用途的绿肥作物?

田菁不仅是优良的绿肥作物，茎叶还可作饲料，初花期全株干物质含量 25.8%，粗蛋白含量 17.52%，上部枝叶粗蛋白含量高达22.57%。田菁再生能力强，可多次刈割。田菁种子含油量约 20%，可作为制造酱油、味精的食品工业原料。种子含有丰富的半乳甘露聚糖，生产的田菁胶可作为半乳甘露聚糖胶的新材料和国外进口的王牌胶——瓜尔胶的替代品，用于油田采油、选矿冶金、采矿爆破、纺织和日用化工，是国内重要的植物胶用作物。茎秆表皮富含纤维，可剥皮制麻，作为绳索原料或麻纺工业原料代用品。茎秆还是造纸的原料。此外，田菁也是很好的蜜源植物，田菁蜜琥珀色、味香甜；花粉多，对繁蜂、度秋有利。田菁蜜的果糖＋葡萄糖含量接近 70%，高出欧盟标准 16%；淀粉酶活性 17.2 毫升/(克·小时)，是国内团体标准和欧盟标准的 2.15 倍，主要指标均满足特级品蜂蜜标准。

49. 田菁的植物学特征有哪些?

田菁根系发达，多分布在 20～40 厘米的土层内，根瘤多而大，主要集中在主根上部，固氮能力强。淹水情况下可形成海绵状组织和不定根，也可着生根瘤。茎直立，高2～4米，粗1～3厘米，多分枝，茎基部常木质化。偶数羽状复叶，叶片长15～30厘米，小叶20～40对，矩圆形，叶柄长7～12厘米，小叶对光敏感，有昼开夜合和向光习性。总状花序腋生，着花2～6朵，黄色，旗瓣上有紫色斑点。荚果细长，长15～25厘米，宽3～4毫米，成熟时易爆裂，每荚有种子20～35粒。种子矩圆形，青褐色或黄绿色，千粒重13～16克，过熟的种子种皮角质层加厚，不易吸水，成为硬籽。

50. 田菁的生长习性有哪些?

田菁植株高大，喜高温高湿，可春播也可夏播，最好在平均地温达到15℃以上时播种。田菁种子的适宜发芽温度为15～25℃，适宜生长温度为20～30℃，田菁叶片多，叶面积大，蒸腾作用强烈，因此，生长过程中需要消耗大量的水分，幼苗期田菁的抗旱能力相对较差，且生长相对缓慢，有一个明显的“蹲苗期”。苗后期，由营养生长转入生殖生长期，此时正值高温高湿季节，是田菁的旺盛生长期。结荚期约30天，生长缓慢，部分叶片发黄、脱落。

51. 田菁如何选择品种?

(1) 早熟品种 早熟品种生育期<120天，多为主茎或一级分枝结荚，植株矮小，株高1.5～2.0米，分枝少、株型紧凑。如鲁菁6号、鲁菁8号、山东惠民田菁、极早熟田菁、沪早田菁等。

(2) 中熟品种 中熟品种生育期120～150天，主茎和分支均开花结荚，植株中等大小，株高2.0～2.5米，枝叶繁茂，分枝多。如鲁菁1号、京选1号、中南田菁等。

(3) 晚熟品种 生育期>150天，分枝结荚，植株高大，株高2米以上，分枝多。如鲁菁2号、南宁田菁、华东田菁等。

52. 田菁常见品种有哪些?

(1) 鲁菁1号 鲁菁1号田菁是由山东省农作物种质资源中心经系统选育法选育的中熟品种，植株高大，茎秆直立、分枝多，生长迅速，根系发达，结瘤多，固氮能力强，鲜草产量高，养分含量丰富，适应性强，耐涝、耐瘠、耐旱，抗病虫及抗风的能力强，在含盐量0.6%以下的滨海盐碱地可正常生长。生育期130～140天，株高2.0～2.5米，以分枝结荚为主，荚果长15～20厘米、宽3～4毫米，每个荚果含种子18～30粒，种子千粒重12.8克。盛花期生物产量4.75吨/亩，种子产量85～100千克/亩。

鲁菁1号田菁（重度盐碱地，张晓冬 摄）

(2) 鲁菁2号 鲁菁2号田菁是由山东省农作物种质资源中心经系统选育法选育的晚熟品种，植株高大，茎秆直立、分枝多，生长迅速，根系发达，结瘤多，固氮能力强，鲜草产量高，养分含量丰富，适应性强，耐涝、耐瘠、耐旱，抗病虫及抗风的能力强，在含盐量0.6%以下的滨海盐碱地可正常生长。生育期160天，株高2.5～3.5米，以分枝结荚为主，荚果长15～22厘米、宽3～4毫米，种子千粒重13.1克。盛花期生物产量可达5.4吨/亩，种子产量90～110千克/亩。

鲁菁 2 号田菁（张晓冬 摄）

（3）鲁菁 6 号　鲁菁 6 号田菁是由山东省农作物种质资源中心经系统选育法选育的早熟品种，植株高大，茎秆直立、分枝多，生长迅速，根系发达，结瘤多，固氮能力强，鲜草产量高，养分含量丰富，适应性强，耐涝、耐瘠、耐旱，抗病虫及抗风的能力强，在含盐量 0.6%以下的滨海盐碱地可正常生长。生育期 120 天，株高 1.5～2.5 米，以主茎结荚为主，荚果长 13～18 厘米、宽 3～4 毫米，每个荚果含种子 18～30 粒，种子千粒重 12.8 克。盛花期生物产量可达 3.9 吨/亩，籽粒产量 70～90 千克/亩，且适合机械化收获。

鲁菁 6 号田菁（张晓冬 摄）

53. 田菁如何提高种子发芽率?

田菁种子种皮厚，表面有蜡质，吸水比较困难。春季播种前，需要进行处理，提高种子发芽率。夏播时，由于高温高湿能破除硬籽，所以一般不进行处理。

（1）晒种 将田菁种子曝晒半天到 1 天。晒种可以提高种子的生活力。

（2）擦种 种子和细沙按照 2∶1 的比例拌匀后装在编织袋中搓揉 5～10 分钟，擦破种皮，加速种子对水分的吸收，提高其发芽率。

（3）温汤浸种 用 80～100 ℃的水浸种 3～7 分钟后晾干。

54. 田菁如何播种?

5 月中旬至 7 月中下旬前茬作物收获后播种。可撒播、穴播、条播。轻中度盐碱地宜条播，行距 40～60 厘米。用种量 2～3 千克/亩，留种田播量减半。播种深度 1～2 厘米为宜，播后覆土镇压。

55. 田菁如何施肥?

无前茬地块或中低产田基施磷肥（P_2O_5）2.4～3.2 千克/亩，宜将磷肥施在条播沟内，深度 6～8 厘米。高产田可不施基肥。全生育期不需要追肥。

56. 田菁如何灌溉?

分别在播种后、初花期等两个关键生育期进行灌溉。田菁苗期耕层土壤相对含水量≤55%，须进行灌溉保苗。每次灌水 30～60 立方米/亩，遇雨不浇或少浇。

57. 田菁如何防治病虫草害?

（1）田菁疮痂病 田菁疮痂病孢子可由田菁茎、叶、花、荚的寄生伤口或表皮侵入，对茎、叶、花、荚均能造成伤害，多于 7 月下旬至 8 月上旬始发，茎秆受害时，扭曲不振，复叶畸形卷缩，花荚萎缩脱落。

受侵染前喷 0.3%～0.5%倍量式波尔多液，或 30%氧氯化铜 500～600 倍液，或 75%百菌清可湿性粉剂、50%退菌特可湿性粉剂 500 倍液预防保护；已浸染的可喷 50%托布津可湿性粉剂 600～800 倍液等内吸性杀菌剂防治。

（2）蚜虫 蚜虫一般在田菁苗期至苗后期危害最重。多发生在干旱的气候条件下，轻则抑制植株生长，严重可使整株萎缩至凋零而死亡。

蚜虫可用 50%辟蚜雾超微可湿性粉剂、50%辛硫磷乳油 2 000 倍液喷洒，或 20%灭多威乳油 1 500 倍液，或 50%蚜松乳油 1 000～1 500倍液喷洒受害部位。

（3）卷叶虫 多在田菁苗后期或花期危害，受害时叶片卷缩呈管状，取食叶片组织，严重时有半数以上叶片卷缩，抑制田菁生长。

在幼虫 2 龄末期尚未卷叶前喷洒 80%敌敌畏乳油、90%晶体敌百虫、25%亚胺硫磷乳油、50%辛硫磷乳油 1 000 倍液，或 60%双效磷乳油、5%锐劲特悬浮剂 1 500 倍液，或 20%氰戊菊酯乳油、2.5%敌杀死乳油 6 000 倍液。

（4）斜纹夜蛾 在田菁生长中期取食茎叶。可在幼龄期喷洒 90%晶体敌百虫 1 000 倍液防治。

（5）草害防治 禾本科杂草可用烯草酮、高效氟吡甲禾灵或精喹禾灵等除草剂，阔叶杂草可选用咪草烟、甲氧咪草烟、甲基咪草烟，上述除草剂可混合使用。若发现菟丝子，连同寄生植物一并拔除。

58. 田菁如何翻压还田?

田菁盛花期或下茬作物播种前 7～10 天，使用秸秆还田机粉碎，并用旋耕机翻压至耕层 10～15 厘米。

59. 田菁种子如何收获?

60%~70%的荚果成熟时可用联合收割机进行籽粒收获作业，籽粒晾晒至含水量12%以下，入库保存。

田菁种子联合收获（张晓冬 摄）

60. 田菁如何刈割饲草?

初花期至盛花期均可刈割饲草，留茬0.5~1.0米，可直接饲喂，或青贮后饲喂。宜初花期刈割，可刈割2次以上，留茬0.5米。刈割后的主茎和根茬经秸秆还田机粉碎后翻压于耕层内。

三、毛叶苕子

61. 毛叶苕子的植物学特征有哪些?

毛叶苕子（*Vicia villosa* Roth.）又名毛苕子、长柔毛野豌豆等，豆科野豌豆属一年生或越年生草本绿肥作物。原产于欧洲、中亚等地。我国东北、华北、西南以及苏北、皖北等地均可种植，常见稻田复种或麦田套种，也可间作于作物或林果行间。

全株密被长柔毛，根系发达，主根入土深达0.5~1.2米。茎细长，攀缘，长2~3米，草丛高40~60厘米；多分枝，一株可达20~30个分枝。偶数羽状复叶，具小叶10~16片，叶轴顶端有分枝的卷须；托叶戟形；小叶长圆形或披针形，长10~30毫米，宽3~6毫米，先端钝，有细尖，基部圆形。总状花序腋生，总花梗长，具花10～30朵，排列于序轴的一侧；花萼斜圆筒形，花冠蝶形，蓝紫色。荚果长圆形，长约3厘米，内含种子2～8粒，种子球形黑色。

62. 毛叶苕子的生长习性有哪些?

毛叶苕子适宜于冷凉气候，抗寒、抗旱能力强，但不耐夏季酷热，宜于北方种植，秋播可耐－20℃低温，不宜种植在潮湿或低洼水地。毛叶苕子对土壤的要求不严，沙土、壤土、黏土都可以种植，适宜的土壤pH为5.0～8.5，在土壤全盐含量0.15%时生长良好，耐盐品种可达0.3%。毛叶苕子耐瘠性很强，一般在较薄的土壤上也有很好的鲜草和种子产量，因此，适应性较广，是改良南方红壤、北方花碱土、西北沙土的首选冬绿肥，也是主要蜜源植物和饲草作物。

63. 毛叶苕子如何选择品种?

(1) 鲁苕1号 鲁苕1号毛叶苕子是由山东省农作物种质资源中心经系统选育法选育而成，花紫红色，半直立蔓生，耐寒性和耐热性强、返青早、花期长、鲜草产量高且品质好。在含盐量0.3%以下的滨海盐碱地可正常生长，山东秋播生育期230～240天，初花期生物产量2.67吨/亩，粗蛋白含量21.77%，盛花期高产潜力可达3吨/亩以上，草层高度70～90厘米。种子产量50～60千克/亩。

鲁苕1号毛叶苕子（张晓冬 摄）

(2) 鲁苕2号 鲁苕2号毛叶苕子是由山东省农作物种质资源中心经系统选育法选育而成，其亲本为鲁苕1号白花突变单株。花白色，匍匐蔓生。山东秋播生育期240～250天，初花期生物产量2.61吨/亩，粗蛋白含量22.43%，盛花期高产潜力可达3吨/亩以上，草层高度60～80厘米。种子产量40～50千克/亩。

鲁苕2号毛叶苕子（张晓冬 摄）

(3) 青苕1号 青苕1号毛叶苕子是由青海省农林科学院选育而成，青海春播全生育期约130天，生长旺盛、分枝数多，茎四棱中空，匍匐蔓生，长1.6～2.0米，总状花序、花紫色；单株有效荚果数为345个，每荚粒数为3.6粒。种子圆形，黑褐色，千粒重约36.0克。盛花期生物产量2.5～3.0吨/亩。

青苕1号毛叶苕子（韩梅 摄）

(4) 蒙苕1号 蒙苕1号毛叶苕子亲本为土库曼毛苕，抗旱、抗寒能力强，茎叶柔软，根系发达，根瘤着生率高，具有鲜草产量高、生长迅速、养分含量高、肥效强、繁殖系数大等优点。盛花期生物产量2.5～3.0吨/亩。

蒙苕1号毛叶苕子（任永峰 摄）

64. 什么是合格的毛叶苕子种子？

根据《绿肥种子》（GB 8080—2010）要求，毛叶苕子原种要求纯度≥99%，净度≥98%，发芽率≥80%，水分≤12%。毛叶苕子大田用种要求纯度≥96%，净度≥98%，发芽率≥80%，水分≤12%。

65. 毛叶苕子如何播种？

9月上旬至10月上中旬前茬作物收获后可播种。可撒播、穴播、条播。轻中度盐碱地宜条播，行距30～50厘米。播种量2～4千克/亩，留种田播量减半。播种深度3～5厘米为宜，播后及时覆土镇压。

66. 毛叶苕子如何施肥?

无前茬地块或中低产田基施磷肥（P_2O_5）4～5 千克/亩，宜将磷肥施在条播沟内，深度 7～9 厘米。高产田可不施基肥。返青期至分枝期追施氮肥（N）3～5 千克/亩。

67. 毛叶苕子如何灌溉?

分别在播种后、返青期或分枝期等关键生育期进行灌溉。每次灌水 30～60 立方米/亩，遇雨不浇或少浇。

68. 毛叶苕子如何防治病害?

(1) 叶斑病 常年在 4 月下旬至 5 月上旬发生，发病初期先在中、下部叶片上出现褐色小点，进而扩大成近圆形边缘不清晰的暗褐色病斑，病斑周围褪绿变黄，在病斑背面有白色霉状物，为病菌无性繁殖体。病菌寄生力强，不论新老叶片均可侵染，患病叶片极易脱落，严重影响结荚和籽粒饱满，是发生普遍危害严重的病害。

药剂防治：用 25%多菌灵可湿性粉剂 250 倍液，或 75%百菌清可湿性粉剂 750 倍液，或 50%福美双可湿性粉剂 500 倍液喷雾，能降低病叶率，提高饱荚率，增加千粒重和种子产量。

毛叶苕子叶斑病（段廷玉 摄）

(2) 轮纹斑病 和叶斑病发生期相仿，病斑椭圆形，有明显轮纹，中心呈暗褐色，四周颜色较浅，边缘清晰，空气潮湿时在叶背面生出灰绿色霉菌；为病菌的无性世代。发病初期在叶片上出现一个褐色小点，逐步扩展成轮纹状褐斑，在气候干燥时也可不形成轮纹。发病组织经分离培养，能长出大量菌丝体和较少黑色菌核。另一种病斑发病初期在叶片上也为褐色小点，四周有一银白色云雾状圈，叶片发病后，病部停止生长，其他部位继续发育，使叶片畸形。

药剂防治：用25%多菌灵可湿性粉剂250倍液或75%百菌清可湿性粉剂750倍液或50%福美双可湿性粉剂500倍液喷雾。

毛叶苕子轮纹斑病（段廷玉 摄）

(3) 白粉病 病株叶片的两面、茎、叶柄、荚果等部位都可出现白色霉状斑。初期病斑小而圆，后扩大并互相汇合，以致覆盖叶片大部至全部，病害蔓延迅速，小叶感病快速枯黄并相继脱落。

日照充足多风，土壤和空气湿度中等，海拔较高等环境有利于此病发生。草层稠密、刈割利用不及时，草地年代较长或卫生措施缺乏，都会使此病发生严重。过量施氮肥和磷肥使病情加重，而磷、钾肥合理配合施用有助于提高抗病性。

发病普遍的地块，应当及时刈割利用，重病草地不宜收种。药剂防治：40％的灭菌丹 800～1 000 倍液，或 70％甲基托布津可湿性粉剂 1 000 倍液，或 50％苯来特 2 000 倍液，或 25％粉锈宁可湿性粉剂2 000～3 000倍液喷雾。喷雾药液量 30～45 千克/亩。

（4）锈病 锈菌侵染植株后，在叶片两面、茎和荚等部位出现红褐色、肉桂色的粉末状夏孢子堆，后期出现黑褐色粉末状的冬孢子堆。

药剂防治：可用硫黄粉、代森锌、代森锰、福美双、萎锈灵、氧化萎锈灵、粉锈灵等多种杀菌剂。

（5）炭疽病 冬季较暖、夏季湿热时，炭疽病发生严重。植株地上部分均可受害，叶部病斑圆形、长圆形或角斑状，中部灰白色，边缘红褐色至深褐色，直径 1～2 毫米。茎及叶柄上的病斑线形，初为浅绿色，后转深褐色至黑色，多汇合成大斑，使茎及叶柄枯死。后期在病斑上都产生黑色小点，即病原菌的分生孢子盘。

毛叶苕子炭疽病可用 20％粉锈宁可湿性粉剂 1 000～2 000 倍液 30～45 千克/亩喷雾。选育抗病品种，轮作换茬，在健康草地收种等措施，有助于减轻发病。

（6）霜霉病 冷凉潮湿的气候适合此病发生。叶片上开始出现褪绿病斑，无明显轮廓，随病斑扩大，全叶变成黄绿色。潮湿时叶片背面长有淡紫色稀薄菌丝层。病叶由黄绿色逐渐变为黄褐色，之后干枯死亡。除叶片外，叶托和茎也可受侵染，尤其茎的顶端，可产生霉层，使之变色枯死。

药剂防治，可用下列药剂在发病期间 7～10 天喷施 1 次：波尔多液，或 65％代森锌 400～600 倍液，或 70％代森锰、25％甲霜安可湿性粉剂 600～800 倍液，或 65％福美铁 300～500 倍液，或 50％灭菌丹 500～600 倍液。每次喷药量 30～45 千克/亩。

69. 毛叶苕子如何防治虫害？

（1）蚜虫 聚集在叶子背面或植株顶部吸食嫩茎叶液汁，使植株萎缩，影响其正常的生长发育，使鲜草及种子减产。秋冬及春季均有发生，气候干旱，株间相对湿度低于70%，易盛发危害。

生物防治：在田间蚜量不很多，又有一定数量天敌时，不要盲目施药，以免杀伤天敌，反而招致蚜害。蚜虫的天敌种类很多，主要有瓢虫、草蛉、食蚜虻、花蝽和蚜茧蜂、蚜霉菌等。当田间的天敌总量与蚜虫总量之比在1∶(80～100)时，田间可不施药，充分发挥天敌的灭蚜作用。

化学防治：蚜虫可用50%辛硫磷乳油1 000倍液，或马拉硫黄乳剂1 000～1 500倍液30～45千克/亩喷雾；也可用一遍净、快杀灵、灭蚜菌、抗蚜威等按说明施药。

(2) 蓟马 蓟马主要危害幼嫩组织（叶片、芽和花等部位），被害叶片卷曲，以至枯死。花期危害最重，用口刺插入子房内吸食液汁，造成落花，影响种子产量。蓟马类危害盛期一般在5～7月。

发生初期，选用10%吡虫啉可湿性粉剂或50%甲萘威可湿性粉剂800～1 200倍液30～45千克/亩喷雾防治。

(3) 叶蝉 叶蝉以成虫、若虫群集植物叶背面和嫩茎上，刺吸其汁液，使植物发育不良，叶片受害后多褪色呈畸形卷缩，甚至全叶枯死。叶蝉类危害盛期一般在5～8月。

在若虫盛发期，选用50%叶蝉散乳油，或90%敌百虫，或50%叶蝉散乳油1 000～1 500倍液，或25%亚胺硫磷400～500倍液，或25%西维因可湿性粉剂500～800倍液，或50%马拉硫磷1 000倍液30～45千克/亩喷雾防治。

70. 毛叶苕子如何翻压还田？

盛花期或下茬作物播种前7～10天，使用秸秆还田机粉碎，并用旋耕机翻压至耕层10～15厘米。如果生物量≤1吨/亩，可直接使用旋耕机翻压至耕层。

71. 毛叶苕子如何收获种子？

60%～70%的荚果成熟时进行籽粒收获作业，籽粒晾晒至含水量12%以下，入库保存。

毛叶苕子种子机械收获（张晓冬 摄）

72. 毛叶苕子如何刈割饲草？

初花期至盛花期刈割晾晒，可参考天气预报，选 3 天以上晴天方可开始刈割。刈割后就地摊晒，利用日晒和风力自然干燥，自然干燥过程中应翻晒 1～2 次。翻晒宜在 9：00 以前或 17：00 以后进行，以防叶片脱落造成损失。当含水量降至 35%左右时，进行第 1 次翻晒。翻晒后集成小行，任其风干至含水量 20%以下。若集行过厚或气温、风力不足以把含水量降至 20%以下时，可考虑第 2 次翻晒。含水量在 20%以下时，可进行捡拾或打捆作业。草捆在通风良好的储草棚内晾至水分达 13%～15%时才能长期保存。

四、光叶苕子

73. 光叶苕子的植物学特征有哪些？

光叶苕子（*Vicia villosa*）又名光叶紫花苕、稀毛苕子等，豆科野豌豆属一年生或越年生草本绿肥作物，也是主要蜜源植物和饲草作物。光叶苕子一般适合在我国南方和中部地区种植。

主根粗壮，入土深达 1.0～1.5 米，侧根发达，主要密集在 30 厘米左右的表土层，根部着生根瘤。茎方形中空，基部有 3～5 个分枝节，每个分枝节产生分枝 3～4 个，主茎不明显，匍匐或半匍匐蔓生，长 1.5～3.0 米。叶片偶数羽状复叶，每个复叶上有小叶 5～10 对，小叶椭圆形，复叶顶端有卷须 3～5 个，茎叶长有稀而短的茸毛。总状花序，花冠蝶形，红紫色。荚果矩圆形，光滑，淡黄色，含种子 2～6 粒，种子球形，黑色，种子千粒重 20～25 克。

74. 光叶苕子的生长习性有哪些?

南方温暖多雨，种植生育期短的光叶苕子为宜，从秋播至成熟，光叶苕子 245～250 天。适宜的发芽温度为 20 ℃左右。出苗后 10～15 天根部形成根瘤；有 4～5 片复叶时，茎部即产生分枝节，每个分枝节产生数个分枝。分枝盛期一般在返青至现蕾期。秋播光叶苕子在早春气温 2～3 ℃时返青，气温 15 ℃左右时现蕾，现蕾期一般在 4 月中旬至 5 月上旬。开花的适宜温度为 15～20 ℃，开花顺序从下向上。光叶苕子的结荚率不高，结荚数一般只占开花数的 5%～15%。

光叶苕子的抗寒性强于紫云英、箭筈豌豆，长江中下游地区光叶苕子幼苗的越冬率很高。光叶苕子耐旱不耐渍，在耕层土壤含水量低于 10%时出苗困难，达到 20%时出苗迅速，30%时生长良好，大于 40%时出现渍害。土壤水分保持在田间最大持水量的 60%～70%时对光叶苕子生长最为有利，如达到 80%～90%则根系发黑而植株枯萎。光叶苕子对磷肥反应敏感，在比较薄的土壤上施用氮肥也有良好的效果，南方地区施用钾肥效果明显。

75. 光叶苕子如何选择品种?

(1) 云光早苕 云光早苕，又名云光早光叶紫花苕，由云南省农业科学院农业环境资源研究所选育，全株茸毛稀少，根系发达，主根入土深 1～2 米，苗期能耐 −11 ℃的低温。抗旱性较强，对土壤要求不严，耐贫瘠，耐阴性强。全生育期 220 天左右，10 月播种，出苗快，苗期生长迅速，翌年 2 月底进入盛花期，盛花期鲜草产量 2.5～3.0 吨/亩，株高可达 2 米，初花期至盛花期可刈割，肥饲兼用。4 月种子成熟，种子产量 60～70 千克/亩，千粒重 24.5 克。

云光早苕（付利波 摄）

（2）藤湖苕　藤湖苕是广西壮族自治区农业科学院农业资源与环境研究所以早熟的湖北苕为母本、晚熟的藤苕为父本杂交选育而来。具有早生快发，耐寒、耐旱、耐湿热，适应性广的优点，鲜草和种子产量高。生育期180～190天，一般3月中上旬盛花，花淡紫色，4月中下旬成熟。鲜草产量2～4吨/亩。

藤湖苕（李忠义 摄）

76. 什么是合格的光叶苕子种子？

根据《绿肥种子》（GB 8080—2010）要求，光叶苕子原种要求纯度≥99%，净度≥98%，发芽率≥80%，水分≤12%。光叶苕子大田用种要求纯度≥96%，净度≥98%，发芽率≥80%，水分≤12%。

77. 光叶苕子如何播种?

旱地秋播光叶苕子，以 8 月中旬至 9 月中旬为宜。可穴播、条播、撒播，穴播穴距 0.3～0.5 米，每穴 10 粒，播量 4～5 千克/亩，穴播深度 2～3 厘米，播后覆土；条播行距 0.5 米，播量 4～5 千克/亩，深度 2～3 厘米，播后覆土；撒播播量 4～5 千克/亩，撒播结合中耕，使种子埋于土中，以提高发芽率。种子田用种量为生产的 1/3。

78. 光叶苕子如何施肥?

中低产田每亩可施 30～50 千克过磷酸钙作为基肥，高产田不施基肥。种子田初花期可喷施 0.05%钼酸铵、0.05%硫酸锰、0.02%硼砂混合液，以提高种子产量。

79. 光叶苕子如何防治病虫害?

（1）白粉病 白粉病多发生于光叶苕子旺长期，枝叶相互覆盖，致使局部空气湿度大、通风透光较差。白粉病主要危害光叶苕子中下部叶片和茎秆，初期在叶片上产生单独分散病斑，而后扩大成圆形或椭圆形大霉斑，甚至可以覆盖全叶，表面生有白色粉状霉层，影响光合作用，使正常新陈代谢受阻，造成早衰和减产。白粉病发生初期，用 20%粉锈宁乳油 2 000 倍液，或 1.5%粉锈宁可湿性粉剂 1 000～1 500 倍液 50 千克/亩喷雾防治。

光叶苕子白粉病（段廷玉 摄）

（2）霜霉病　光叶苕子霜霉病病菌菌丝或孢子通过气流、浇水、农事及蚜虫传播。霜霉病从光叶苕子苗期到收获各阶段均可发生，以成株受害较重，主要危害叶片，由基部向上部叶片发展。发病初期在叶片上形成浅黄色近圆形至多角形病斑，空气潮湿时叶背产生霜状霉层，有时可蔓延到叶面。后期病斑枯死连片，呈黄褐色，严重时全部外叶枯黄死亡。

发病初期可用50%安克可湿性粉剂1 500倍液，或72.2%普力克液剂600倍液，或72%克露可湿性粉剂600～800倍液，或80%赛得福可湿性粉剂500倍液喷雾防治，药液量50千克/亩，应尽量把药液喷到基部叶背。也可在病害流行条件出现时，及早用百菌清、多菌灵、退菌特等喷雾防治。

（3）叶斑病　发病初期先在中下部叶片上出现褐色小点，进而扩大成近圆形边缘不清晰的暗褐色病斑，病斑周围褪绿变黄，在病斑背面有白色霉状物，为病菌无性繁殖体。病菌寄生力强，不论新老叶片均可侵染，患病叶片极易脱落，严重影响结荚和籽粒饱满，是发生普遍、危害严重的病害。

药剂防治：用25%多菌灵可湿性粉剂250倍液，或75%百菌清可湿性粉剂750倍液，或50%福美双可湿性粉剂500倍液喷雾，能降低病叶率，提高饱荚率，增加千粒重和种子产量。

光叶苕子叶斑病（段廷玉 摄）

（4）蚜虫　干旱时，光叶苕子容易遭遇蚜虫为害。可用50%

辛硫磷乳油 1 000 倍液，或 40%氧化乐果乳油 1 000 倍液，或马拉硫黄乳剂 1 000～1 500 倍液 50 千克/亩喷洒杀蚜。

(5) 地老虎 每亩用 50%辛硫磷乳油 50 克加少量水，细土或细沙 50 千克，撒在光叶苕子根附近防治；用 50%辛硫磷乳油、225%农地乐乳油 1 000 倍液，或 20%速灭杀丁乳油 1 500～3 000 倍液，或 5%抑太保乳油 2 500～3 000 倍液喷雾防治，药液量 50 千克/亩。

80. 光叶苕子如何翻压还田?

盛花期或下茬作物播种前 7 天，使用秸秆还田机粉碎，并用旋耕机翻压至耕层。如果生物量≤1 吨/亩，可直接使用旋耕机翻压至耕层。

五、箭筈豌豆

81. 箭筈豌豆的植物学特征有哪些?

箭筈豌豆（*Vicia satina* L.）又名救荒野豌豆、野豌豆、春箭筈豌豆等，是豆科野豌豆属一年生或越年生豆科草本绿肥。箭筈豌豆原产于欧洲南部和亚洲西部。我国江苏、江西、台湾、云南、陕西、甘肃、青海等地均有自然分布。箭筈豌豆既可作绿肥、饲草，其种子含有丰富的蛋白质和淀粉，营养价值较高，可作粮食和精料，是重要的肥粮兼用、肥饲兼用作物。

我国 20 世纪 40 年代从苏联、罗马尼亚等国家引进了一批箭筈豌豆品种，先后在江苏、甘肃、青海等地试种，表现适应性强，生长良好，产量高；60 年代中期先在甘肃开始推广种植，用于生产实践，而后在北方及长江中下游各地栽培，均生长很好；70 年代以来发展较快，种植面积不断扩大；至 80 年代初，我国东至福建、浙江沿海，南至广东、台湾，西至青海、新疆，北至黑龙江均有扩大种植的趋势，尤以华北、西北各地目前种植较多。

根系发达，主根稍肥大，长 20～40 厘米，根瘤多，呈粉色。

茎细软，斜升或攀缘，有条棱，多分枝，长 60～200 厘米。偶数羽状复叶，具小叶 8～16 枚，叶轴顶端具分枝的卷须；小叶椭圆形、长圆形或倒卵形，长 8～20 毫米，宽 3～7 毫米，尖端下凹并有小尖头，叶形似箭筈，基部楔形，全缘，两面疏生短柔毛，托叶半边箭头形；花 1～3 朵，生于叶腋，花梗短；花萼筒状，萼齿披针形；花冠蝶形，紫色或红色。荚果条形，稍扁，长 4～6 厘米，内含种子 5～8 粒；种子球形或微扁，颜色因品种而不同，有乳白、黑色、灰色和灰褐色，具有大理石花纹，种子千粒重40～70克。

82. 箭筈豌豆的生长习性有哪些?

箭筈豌豆为春性发育类型的豆科作物，种子在 2～3 ℃开始发芽，26～28 ℃发芽最快，7 天左右出苗。当主茎有 3～4 片叶时开始分枝，气温降到 3.5 ℃时仍能缓慢生长，在幼苗期，平均气温达到 25 ℃时生长受抑制。抗旱耐瘠，在新开垦的土地上每亩也能收获种子 75 千克左右。

83. 箭筈豌豆的常见品种有哪些?

目前，生产中常见的箭筈豌豆品种有 6625、苏箭 3 号、大荚箭筈豌豆、333A、清水河箭筈豌豆等。分为以下几类。

(1) 低氢氰酸品种　箭筈豌豆种子氢氰酸含量<1 毫克/千克的品种有 333A、沭阳箭筈豌豆、察北野豌豆、苏箭 4 号、哈什箭筈豌豆、早熟箭筈豌豆、麻色箭筈豌豆等。

(2) 高蛋白品种　箭筈豌豆种子粗蛋白含量>33%的品种有春箭筈豌豆、察北野豌豆、阿尔巴尼亚箭筈豌豆、苏联箭筈豌豆、哈什箭筈豌豆、333A、西牧 881、苏箭 4 号、沭阳箭筈豌豆、盐城青箭筈豌豆等。

(3) 高淀粉品种　箭筈豌豆种子淀粉含量>30%的品种有兰箭 1 号、兰箭 2 号、兰箭 3 号、察北野豌豆、苏箭 3 号、白花箭筈豌豆、苏联箭筈豌豆、333A、麻色箭筈豌豆、救荒野豌豆、雁右 1 号、西牧 881 等。

清水河箭筈豌豆（任永峰 摄）

84. 箭筈豌豆如何提高种子发芽率？

（1）晒种 播种前晒种 1～2 天。

（2）微肥拌种 选好的、去杂的箭筈豌豆种子倒入 0.2%钼酸铵溶液（0.1 千克钼酸铵＋50 千克水）浸泡 20 分钟后捞出、沥干。一般 50 千克 0.2%钼酸铵水溶液可拌种箭筈豌豆 300 千克。

85. 箭筈豌豆如何播种？

箭筈豌豆宜春播，华北可顶凌播种，西北 3 月中旬至 4 月中旬可播种。箭筈豌豆可条播、撒播，宜条播，行距 20～30 厘米，播量 5～8 千克/亩，播深 3～4 厘米，墒情较差时播深 5～6 厘米，播后镇压。墒情较好的地块也可撒播，播后镇压。

86. 箭筈豌豆如何施肥？

（1）基肥 每亩基施 12.5～15.0 千克尿素和 15～20 千克过磷酸钙，能保证箭筈豌豆获得较高的生物产量及籽粒产量。如果地力较差，每亩基施 17.5～20.0 千克尿素、17.5～25.0 千克过磷酸钙和 5 千克氯化钾。

（2）追肥 中低产田，特别是苗弱、叶色淡绿、长势较差的地块，可在分枝期每亩追施尿素 5 千克。

87. 箭筈豌豆如何灌溉？

分别在分枝期、结荚期等两个关键生育期进行灌溉。每次灌水30～60立方米/亩，遇雨不浇或少浇。

88. 箭筈豌豆如何防治病害？

（1）炭疽病　主要危害箭筈豌豆叶片、茎秆和荚果。发病初期，在叶片和茎秆上出现圆形或椭圆形的黑褐色小斑点，后期扩展为黑褐色圆形病斑，病斑中央则由黑褐色变为灰白色。病斑上产生轮纹状的小黑点，病斑可形成穿孔，病叶易脱落。病斑一般中部色浅，边缘呈深褐色。后期病斑上出现许多具黑刺毛状的小黑点，即病原菌的分生孢子盘。茎及叶柄上的病斑线形，深褐色至黑色，多扩大成大斑。茎基部受害严重时，可使整株枯死。

病原菌在土壤和病株残体上越冬，翌年春天以分生孢子进行初侵染，并由分生孢子借风雨传播，在生长季节多次再侵染，在田间造成流行，使病害蔓延。种子可以带菌，是远距离传播的介体，同时也是病原菌的越冬场所之一。冬季较暖、夏季湿热时，此病发生严重，雨和露有助于病害蔓延。孢子萌发最适温度为27℃，且在湿润的叶片上有助于孢子的萌发、传播和侵染。温度27℃、相对湿度80%是该病的流行条件。草层过于稠密、倒伏严重也有助于此病流行。

箭筈豌豆炭疽病（段廷玉 摄）

选用无病种子、合理密植、加强水肥管理、适时播种、及时刈割等措施可降低炭疽病的发生。发病初期喷洒65%代森锌可湿性粉剂500～700倍液，或50%多菌灵可湿性粉剂400～600倍液，或75%百菌清可湿性粉剂400～600倍液喷雾防治。

(2) 白粉病 主要危害箭筈豌豆叶片、茎和叶柄。发病初期，叶片上出现微小的白色粉状霉点，后扩大为近圆形或长椭圆形的病斑，病斑逐渐扩大，相互汇合，渐渐覆盖全部叶面，形成一层毡状霉层，病斑呈现白粉状。发病末期霉层为淡褐色或灰色，同时有橙黄色至黑色小点出现，即病原菌闭囊壳。

箭筈豌豆白粉病是一种多循环病害，主要以闭囊壳、休眠菌丝或分生孢子在病株或病残体上越冬，翌年春季以闭囊壳释放的子囊孢子或分生孢子初侵染，随后新产生的分生孢子随风、雨、昆虫等传播媒介引起病害的再侵染和大面积流行。病害一般在箭筈豌豆生长的中后期开始发生，8月下旬至9月上旬为发病高峰期。该病在降雨量超过250毫米后易严重暴发。

箭筈豌豆白粉病（段廷玉 摄）

选育和推广抗病品种是防治箭筈豌豆白粉病的有效措施。病原菌的闭囊壳未形成或开始形成，但还未大量形成时，将田间的箭筈豌豆刈割干净，不留残株，以减少越冬病原。病原菌可随空气流动进行传播，因此，刈割草地宜大面积连片进行，以减少病原物在刈割草地与非刈割草地间互相传播侵染。发病初期用40%灭菌丹700～1 000倍液，或15%粉锈宁可湿性粉剂、70%甲基托布津可湿性粉剂1 000倍液喷雾防治。

89. 箭筈豌豆如何防治虫害?

(1) 蚜虫 可用50%辛硫磷乳油、40%氧化乐果乳油1 000倍液，或马拉硫黄乳剂1 000～1 500倍液30～45千克/亩喷洒杀蚜；也可用一遍净、快杀灵、抗蚜威等按说明施药。

(2) 叶蝉 叶蝉以成虫、若虫群集植物叶背面和嫩茎上，刺吸其汁液，使植物发育不良，叶片受害后多褪色呈畸形卷缩，甚至全叶枯死。叶蝉类危害盛期一般在6～8月。在若虫盛发期，选用40%乐果乳油、50%马拉硫磷乳油1 000倍液，或50%叶蝉散乳油、或50%杀螟松乳油1 000～1 500倍液，或25%亚胺硫磷乳油400～500倍液，或25%西维因可湿性粉剂500～800倍液等喷雾防治。

(3) 芜菁 开花期受害最重，成虫咬食叶片成缺刻，或仅剩叶脉，猖獗时可吃光全株叶片，导致植株不能开花，严重影响产量。可通过喷洒菊酯类杀虫剂1 500倍液30～45千克/亩得到快速防治。一般喷洒2次，间隔15～20天。菊酯类杀虫剂常见的品种有2.5%溴氰菊酯（敌杀死）乳油、20%氰戊菊酯（速灭杀丁）乳油、20%甲氰菊酯（灭扫利）乳油、2.5%功夫乳油等。每亩用1.5～2.5千克90%敌百虫粉剂2.5%液，清晨喷施，可杀死成虫。

90. 箭筈豌豆如何翻压还田?

盛花期或下茬作物播种前7～10天，使用秸秆还田机粉碎，并用旋耕机翻压至耕层。如果生物量≤1吨/亩，可直接使用旋耕机翻压至耕层。

91. 箭筈豌豆如何收获种子?

80%种荚变黄或变白时收获籽粒，籽粒晾晒至含水量12%以下，入库保存，注意通风、干燥。

92. 箭筈豌豆如何刈割饲草?

初花期至盛花期刈割，留茬高度5～7厘米，利于再生。刈割后就地摊晒，利用日晒和风力开始自然干燥，自然干燥过程中应翻晒1～2次。翻晒宜在9:00以前或17:00以后进行，以防叶片脱落造成损失。当含水量降至35%左右时，进行第1次翻晒。翻晒后集成小行，任其风干至含水量20%以下。若集行过厚或气温风力不足以把含水量降至20%以下时，可考虑第2次翻晒。含水量在20%以下时，可进行捡拾或打捆作业。草捆在通风良好的储草棚内晾至水分达13%～15%时才能长期保存。

六、二月兰

93. 二月兰的植物学特征有哪些?

二月兰［*Orychophragmus violaceus*（L.）O. E. Schulz］又名诸葛菜、二月蓝，十字花科诸葛菜属越年生草本绿肥作物，因在农历二月前后开花而得名二月兰，是北方重要的冬季绿肥作物。

根为直根系，主根肉质。株高一般在50～70厘米。密植时分枝少，但稀植时，可形成多个分枝，多时可达20个以上。基生叶及下部茎生叶大头羽状全裂，顶裂片近圆形或短卵形，顶端钝，基部心形，有钝齿，侧裂片2～6对，卵形或三角状卵形；上部叶长圆形或窄卵形，长4～9厘米，顶端急尖，基部耳状，抱茎，边缘有不整齐齿。花多为蓝紫色、白色。荚果小而细长，长6～9厘米，为棱状圆柱形，具有四条棱，顶端有细长的喙。荚果易裂，每荚种子数量10～20粒，种子褐色或黑褐色，卵形至长圆形。种子千粒重2.5～3.5克，刚采收的新鲜种子有的有后熟生理现象，早播的发芽率低，发芽延续1～2个月甚至更长。

94. 二月兰的生长习性有哪些?

二月兰耐寒旱、耐贫瘠，返青早，花期长，繁殖能力强，栽培管理相对粗放，对土壤要求不严，适应性广，极少有病虫害，有极强的抗杂草能力。二月兰对氮肥敏感，施氮肥能显著增加鲜草产量，对磷、钾肥反应一般。由于是依靠种子繁殖，作为绿肥纳入农田种植制度时，清除方便，不会形成农田草害。

95. 二月兰的用途有哪些？

二月兰花期长（3 月中旬至 5 月初），花开成片，花色淡雅，连片后观赏价值高，不用专门养护，适宜都市郊区发展观光农业。冬前可以生长 2～3 个月，早春比一般作物及杂草返青快，能耐低温、瘠薄和干旱，可在早春迅速覆盖地表，是北方地区较好的秋冬及春季覆盖作物，对于抑草抑尘、防风固沙、美化环境意义重大。二月兰落籽自繁能力强，一年播种，多年受益，是理想的北方冬季绿肥作物。

二月兰可采蜜用，其叶、茎、菜薹均可食用，营养丰富，每 100 克鲜品中含胡萝卜素 3.32 毫克、B 族维生素 20.16 毫克、维生素 C 59 毫克。种子可榨油，种子含油量高达 37%以上，且品质好，特别是亚油酸含量和比例较高，有助于降低血清胆固醇和甘油三酯，软化血管和阻止血栓形成。

因此，在北方适宜地区冬闲季节发展二月兰生产，具有肥田、覆盖、节水、美化、固土、菜用、蜜用、油用等用途，生态效益和经济效益显著，值得大力推广。

96. 二月兰的常见品种有哪些？

(1) 鲁兰 1 号 鲁兰 1 号二月兰由山东省农作物种质资源中心经系统选育法选育，亲本为德州二月兰野生居群，花色为紫色且花色单一、耐寒性强、返青早、花期长、鲜草产量高，株高 60～75 厘米，生育期 250～270 天、花期 60～80 天，荚果长 6～9 厘米，盛花期鲜草产量 1.3～1.5 吨/亩，种子产量 30～45 千克/亩，种子中粗蛋白含量 24.1%、含油量 38.5%。

(2) 鲁兰 2 号 鲁兰 2 号二月兰由山东省农作物种质资源中心

鲁兰 1 号二月兰（张晓冬 摄）

经系统选育法选育，其亲本为鲁兰 1 号白花突变单株。花色为白色且花色单一、耐寒性强、返青早、花期长、鲜草产量高，株高60～75 厘米，生育期 260～280 天、花期 60～90 天，荚果长 6～9 厘米，盛花期鲜草产量 1.3～1.5 吨/亩，种子产量 30～40 千克/亩，种子粗蛋白含量为 23.1%，含油量 37.9%。

鲁兰 2 号二月兰（张晓冬 摄）

97. 二月兰如何播种?

二月兰最佳播期是 7 月下旬至 9 月初，最晚不宜晚于 9 月 20 日。可撒播、条播。撒播量 1.5～3.0 千克/亩。条播行距 20～30 厘米，播深1～2厘米，播量1.5～2.0千克/亩，播后覆土镇压。

98. 二月兰如何施肥?

(1) 基肥 无前茬地块或中低产田基施氮肥（N）6～8千克/亩，磷肥（P_2O_5）4～5千克/亩，钾肥（K_2O）5～7千克/亩，宜将氮肥、磷肥施在条播沟内，深度5～7厘米。高产田可不施基肥。

(2) 追肥 返青期至分枝期追施氮肥（N）3～5千克/亩。

99. 二月兰如何灌溉?

12月中上旬浇越冬水，灌水50～60立方米/亩，苗壮或遇雨不浇或少浇。3月上旬浇返青水，灌水20～40立方米/亩，遇雨不浇或少浇。

100. 二月兰如何防治病虫害?

(1) 病毒病 二月兰病毒病是由花叶病毒感染引起的病害。花叶病毒可在种子、田间多年生杂草、病株残体或保护地内越冬，翌年主要由昆虫（如蚜虫、跳甲）刺吸、接触等方式传播，也可由叶片摩擦方式汁液传毒。在田间管理粗放、蚜虫及跳甲发生量大、植株生长不良、抗病性差和重茬、邻作有发病作物时发病重。

二月兰的各生长期均有发生，发病初期，心叶出现叶脉色淡而呈半透明状的明脉状，随即沿叶脉褪绿，成为淡绿与浓绿相间的花叶。叶片皱缩不平，有时叶脉上产生褐色的斑点或条纹斑，后期叶片变硬而脆，渐变黄。严重时，根系生长受挫，病株矮化，停止生长。

苗期应及时供水，防止土壤干旱，减轻病毒病发生。发病早期用1.5%的植病灵500倍液，或20%病毒A可湿性粉剂500倍液，或2%宁南霉素200倍液连喷2～3次，每次喷药量30～45千克/亩。

(2) 蚜虫 成蚜、若蚜群聚在嫩叶上，以刺吸式口器刺吸植株的汁液。幼苗受害，叶片卷曲发黄，植株矮小；成长株受害，造成严重失水、萎蔫，花蕾和果实受害，影响开花和籽粒饱满；留种田受害，常影响二月兰正常抽薹、开花和结荚。每亩用25%辟蚜雾水分分散剂 20 克兑水 50 千克喷雾，既杀死蚜虫又保护花期蜜蜂不受伤害。

101. 二月兰如何翻压还田？

盛花期或下茬作物播种前 7～10 天，使用秸秆还田机粉碎，并用旋耕机翻压至耕层。如果生物量≤1 吨/亩，可用直接使用旋耕机翻压至耕层。

102. 二月兰如何收获种子？

荚果 70%～80%成熟时籽粒收获。籽粒晾晒至含水量 10%以下，入库保存。

二月兰种子机械收获（张晓冬 摄）

103. 二月兰如何采收菜薹？

现蕾期至初花期采收菜薹，此时菜薹产量高、品相好。采收时，留茬 4～5 厘米。二月兰从抽薹到开花的时间短，应及时采收菜薹。采收菜薹后，可继续翻压或收获种子。

104. 二月兰如何利用壁蜂授粉实现种子高产？

以壁蜂作为授粉昆虫开展辅助授粉，可以提高二月兰种子生产效率，有效解决北方二月兰初花期气温较低，授粉昆虫较少，种子产量低的问题。投放壁蜂后，二月兰种子产量提高 20.38%～24.45%。

壁蜂与壁蜂辅助授粉（张晓冬 摄）

七、肥田萝卜

肥田萝卜（*Raphanus sativus* L.）又名蓝花子、滨莱菔、茹菜、冬子菜，是十字花科萝卜属一年生或越年生草本绿肥作物，全国各地均可栽培，以江西、湖南、广西、云南、贵州等地比较普遍，多用于稻田冬闲田利用或在红壤旱地种植，也适合果园种植，是西南地区常见的冬季绿肥。根系对土壤中的磷、钾有活化作用，培肥土壤的效果尤其显著，是重要的肥饲兼用、肥菜兼用作物。

105. 肥田萝卜的植物学特征有哪些？

直根系，肉质，侧支根不发达，主根膨大程度和形状，随品种与土壤质地等栽培条件而异。茎粗壮直立，圆形或带棱角，色淡绿或微带青紫，高 50～100 厘米，分枝较多。叶长椭圆形，疏生粗毛，缘有锯齿，柄粗长。抽薹以后，各茎枝先端逐渐发育成总状花序，每一花序着花数 10 朵。花冠四瓣，呈十字形排列，色白或略带青紫内含雄蕊 6 枚，雌蕊 1 枚。果角长圆内质，长约 4 厘米，先端尖细，基部钝圆老熟色黄白，种子间细缩，内填海绵质横隔，柄长 1.5 厘米左右。每角含种子 3～6 粒，不爆裂，也不易脱落。种子形状不一，多数为不规则扁圆形，夹杂少数圆锥形、多角形或心脏形，色红褐或黄褐，表面无光泽，有的现螺纹圈。

106. 肥田萝卜的生长习性有哪些?

肥田萝卜种子发芽的最适温度为 15 ℃左右，生长的最适温度为 15～20 ℃。对土壤要求不严，除渍水地和盐碱地外，各地一般都能种植。对土壤酸碱度的适应范围 pH 4.8～7.5。由于其耐酸、耐瘠、生育期短，是改良红、黄壤低产田的重要先锋作物。

107. 肥田萝卜的常见品种有哪些?

各地的主要优良品种多为地方品种，如浏阳萝卜、信丰白萝卜、新田萝卜、昆明萝卜、文山马牙花等。其中，云南种植面积较大的为文山马牙花。

文山马牙花为云南省文山州的地方品种，种植历史悠久，抗寒旱、耐瘠薄、耐酸碱、不耐渍、肥饲兼用，全生育期 220 天。9 月中上旬播种，翌年 2 月中旬进入盛花期，总状花序，花瓣白色，盛花期株高 100 厘米左右，生物量最大，1.0～1.5 吨/亩，4 月上旬种子成熟，千粒重 22.1 克，种子产量 60 千克/亩左右，成熟种子为红褐色。

文山马牙花肥田萝卜初花期（左）与结荚期（右）（张晓冬 摄）

108. 肥田萝卜的种植方式有哪些？

（1）稻底套播　在晚稻、中稻收获前15～20天同紫云英或油菜、黑麦草等一起撒播在稻行间。

（2）翻耕播种　在中稻或早熟晚稻收割后2～3天内翻耕整地播种，翻耕播种主要适用于肥田萝卜单作，也可以同黑麦草等混播。

（3）混播　肥田萝卜可单作，也可与豆科、禾本科绿肥等混播。常见的混播组合有肥田萝卜和紫云英、肥田萝卜和箭筈豌豆、肥田萝卜和黑麦草等两种绿肥作物混播，或肥田萝卜、紫云英、油菜三种绿肥作物混播。

（4）间作　主要在幼龄常绿果树、茶园行间，桃、梨等落叶果树行间种植。

109. 肥田萝卜如何播种？

肥田萝卜播种适期为10月下旬至11月下旬。播种过早，苗期易受蚜虫等为害，过早抽薹而遭受冻害。播种过迟，出苗不齐，幼苗生长缓慢而受冻。稻底套播可采用撒播。

翻耕播种、果园间作宜采用条播或点播。条播行距25～30厘米，播深2～3厘米。播后覆土。如气候干旱，土质轻松，覆土可稍厚；若天气多雨，土壤黏重湿润，覆土宜浅。

单作播种量0.50～0.75千克/亩，留种田减半。肥田萝卜与紫云英混播，肥田萝卜用种量为0.2千克/亩，紫云英用种量则为1.5千克/亩。

110. 肥田萝卜如何施肥？

基肥一般在播种前结合翻耕整地，每亩施用尿素5～10千克、钙镁磷肥10～15千克、氯化钾3～5千克。抽薹前，每亩追施尿素3～5千克。

111. 肥田萝卜如何进行水分管理?

肥田萝卜不耐渍，要求排水通畅，无渍水。晚稻套播肥田萝卜之前要开沟排水，如无明显渍水，可在晚稻收获后开沟，具体开沟方式为：四周开沟，沟深20～25厘米，居中开沟间距5～10米，沟深15～20厘米。春季雨水多，要经常清沟，排出积水保持土壤干爽。

112. 肥田萝卜如何防治病害?

(1) 霜霉病　霜霉病主要危害肥田萝卜的叶片，也危害茎、花梗、角果。从外叶开始，叶面出现淡绿色至淡黄色的小斑点，扩大后呈黄褐色，由于受叶脉限制而成多角形斑。潮湿条件下，病斑背面产生白霉严重时，外叶大量枯死。

霜霉病病菌随病株残体或在土壤中越冬，春天借风雨传播侵染。多发生在肥田萝卜播种过早、连作重茬、地势低洼、密度大、田间湿度大和光照不足的田块。当气温16℃左右，相对湿度高于70%时，品种易感病且菌源存在时，病菌容易迅速蔓延。

选用抗病品种，与非十字花科作物实行2年以上轮作；清除病株残体，集中处理；及时追肥、浇水，以增强抗性。播种前，用种子重量0.3%的50%福美双可湿性粉剂或25%瑞毒霉可湿性粉剂浸种，杀灭种子表皮的病菌。发病初期用72.2%普力克水剂600～800倍液，或75%百菌清可湿性粉剂500倍液，或64%杀毒矾可湿性粉剂500倍液喷雾防治，每隔7～10天喷1次，连喷2～3次，每次喷药量30～50千克/亩。

(2) 黑腐病　黑腐病是由真菌侵染引起维管束坏死变黑的病害，为肥田萝卜重要的病害之一。幼苗和成株均可发病。发病子叶可产生近圆形褪绿斑，扩大后稍凹陷，潮湿时表面长有黑霉。成株可在叶片、叶柄等部位发病。成株发病时病斑多从叶缘向内发展，形成V形黄褐色枯斑，田间湿度大时，病部位产生黄褐色菌脓或油浸状湿腐。肉质根被害，初期导管变黑、干腐，严重时髓部发黑腐烂，外部症状则不明显。

病菌以菌丝体和分生孢子在种子、植株及土壤中越冬，病菌依靠雨水、灌溉水、昆虫和肥料接触在田间传播。病菌从裂口、虫伤等处侵入植株。高温多湿、提早播种、管理粗放的条件下，肥田萝卜容易感病。

推荐与非十字花科作物实行2年以上的轮作。播种前，用种子重量0.3%的50%福美双可湿性粉剂，或25%瑞毒霉可湿性粉剂浸种，杀灭种子表皮的病菌。田间发现病株要及时拔除并进行深埋或烧毁，对病穴撒生石灰消毒。大面积发病初期，用75%百菌清可湿性粉剂600倍液，或50%扑海因可湿性粉剂1 000倍液，或50%速可灵可湿性粉剂、58%甲霜灵锰锌可湿性粉剂、64%杀毒矾可湿性粉剂500倍液，交替喷雾，每7～10天喷雾1次，连喷2～3次，每次喷药量30～45千克/亩。

(3) 软腐病 肥田萝卜软腐病为细菌性病害。病菌在病株残体或堆肥中越冬，翌年通过雨水、灌溉水、肥料等传播，通过伤口、昆虫咬伤等途径侵入。长势弱的植株易发病，在15～20℃低温条件下，多雨、高温、光照不良条件下，病害易流行。连作、平畦栽培、管理粗放、虫害多时发病严重。

主要危害根、叶及叶柄。根部染病，常始于根尖，初呈褐色水浸状软腐，后逐渐向上蔓延，使心部软腐溃烂。叶及叶柄染病。也呈水浸状软腐。遇干旱后该病停止扩展，根尖簇生新叶。病部界线明显，常有褐色汁液渗出，致使整个萝卜变褐软腐，发出臭气。

实行合理轮作和间作，避免与十字花科、瓜类、茄果类蔬菜连作，应与豆类、粮食作物轮作或与葱蒜类间作。开沟排渍，降低田间湿度；平衡施肥，增强植株抗病能力。

发病初期用农用链霉素100毫克/千克，或70%敌克松可湿性粉剂500～1 000倍液喷雾或灌根，每次喷药量30～45千克/亩，灌根每株灌药液250毫升。喷药时，尽可能把药液喷到下部叶片上。

(4) 病毒病 肥田萝卜病毒病是由花叶病毒感染引起的病害。花叶病毒可在种子、田间多年生杂草、病株残体或保护地内越冬，翌年主要由昆虫（如蚜虫、跳甲）刺吸、接触等方式传播，也可由叶片摩擦方式汁液传毒。在田间管理粗放、高温干旱、蚜虫及跳甲发生量大、植株生长不良、抗病性差和重茬、邻作有发病作物时发病重。

肥田萝卜的各生长期均有发生，发病初期，心叶出现叶脉色淡而呈半透明的明脉状，随即沿叶脉褪绿，成为淡绿与浓绿相间的花叶。叶片皱缩不平，有时叶脉上产生褐色的斑点或条纹斑，后期叶片变硬而脆，渐变黄。严重时，根系生长受挫，病株矮化，停止生长。

苗期及时供水，防止土壤干旱，减轻病毒病发生。发病早期用1.5%的植病灵500倍液，或20%的病毒A可湿性粉剂500倍液，或2%宁南霉素200倍连喷2～3次，每次喷药量30～45千克/亩。

113. 肥田萝卜如何防治虫害?

(1) 蚜虫 成蚜、若蚜群聚在嫩叶上，以刺吸式口器刺吸植株的汁液。幼苗受害，叶片卷曲发黄，植株矮小；成长株受害，造成严重失水、萎蔫，花蕾和果实受害，影响开花和籽粒饱满；留种田受害，常造成肥田萝卜不能抽薹、开花和结荚。每亩用25%辟蚜雾水分分散剂20克加水50千克喷雾，既杀死蚜虫又保护花期蜜蜂不受伤害。

(2) 菜青虫 幼虫只啃食叶肉，留下一层透明的表皮。三龄以上的幼虫将叶片吃为缺刻，严重时能将叶片吃光，只剩下叶脉和叶柄。苗期受害则整株死亡。

菜青虫幼虫三龄前食量小，抗药性差，药剂防治以幼虫三龄前防治为宜。可用Bt乳剂600～800倍液30～45千克/亩喷雾。有条件的地方，在11月中下旬释放蝶蛹金小蜂，提高当年的寄生率，控制下一年早春蛹的发生。也可每亩用5%农梦特乳油、或5%卡死克乳油、或5%抑太保乳剂5 000倍液，20%灭幼脲1号、或25%灭幼脲3号胶悬剂500～1 000倍液，30～45千克喷雾，使菜青虫死于蜕皮障碍，且不污染环境，对天敌安全。

（3）黄条跳甲　成虫与幼虫均能对肥田萝卜造成危害，最后变黑腐烂。药剂防治选用90%敌百虫1 000倍液，喷洒叶面或灌根。成虫咬食叶片，幼虫为害根部，肉质根受害或50%辛硫磷1 000倍液30～45千克/亩喷洒叶面或灌根。

114. 肥田萝卜如何翻压还田？

肥田萝卜以结荚初期鲜草产量和养分含量最高，是作绿肥翻压利用的最佳时期，即上花下角，角果达到60%时翻压。翻压量1 500千克/亩，可采用干耕水沤方式翻压。翻压之前，先用秸秆还田机将植株打碎，然后用旋耕机翻压。翻压时应不让肥田萝卜露出土面。

115. 肥田萝卜如何菜用？

在肥田萝卜出苗后15～20天，苗高3.5～5.0厘米，有1～2片真叶时，均匀间苗用作蔬菜。

部分品种肥田萝卜可在直根膨大期均匀间收，截取地下直根后将地上部分留在田间作绿肥，也可携出田间作为青饲料。膨大的萝卜直根可以食用，也可加工利用。

116. 肥田萝卜留种田如何管理？

（1）留种田选择　肥田萝卜留种田应选择中等肥力的沙壤土或黏壤土，且周边至少1千米范围内没有其他品种的肥田萝卜、油菜或白菜等十字花科作物种植。

（2）间苗　分次均匀间苗用作蔬菜或青饲料，间苗要尽量去病苗和弱苗。保证在抽薹开花期基本苗数为1 500～2 000株/亩。

（3）追肥　苗期每亩追施尿素5～10千克、过磷酸钙10～15千克、氯化钾3～5千克，抽薹期每亩施用尿素3～5千克、钙镁磷肥20～25千克、氯化钾8～10千克。

（4）打顶　在抽薹开花时去顶，并除去下部较密的侧枝，使种荚成熟基本一致。

（5）采收　在肥田萝卜80%的角果变为淡黄色时收获。

第四章 绿肥综合利用技术

一、绿肥翻压还田技术

117. 绿肥何时翻压?

根据翻压绿肥的主要目的，选择绿肥鲜草产量和总养分含量为最高时翻压。考虑下茬作物种植和养分吸收规律，绿肥养分释放规律、强度与作物需肥规律相吻合，即掌握不同绿肥的腐解特点，使绿肥养分释放高峰与作物需肥期相同。此外，避免绿肥腐解对作物幼苗产生不利影响。为此，豆科绿肥与十字花科绿肥以盛花期至结荚初期、禾本科绿肥以抽穗初期翻压为好。就具体绿肥作物的最佳翻压时间而言，田菁为现蕾前期，光叶苕子为始蕾期，柽麻、毛叶苕子为开花期至盛花期，紫云英为盛花期后3～7天，黄花苜蓿在初荚期，二月兰、油菜为盛花后期。

田菁翻压（张晓冬 摄）

二月兰翻压（左）、毛叶苕子翻压（右）（朱国梁 摄）

紫云英翻压（张晓冬 摄）

油菜翻压（李忠义 摄）

118. 绿肥翻压深度多少合适?

绿肥翻压的基本要求是：绿肥翻入土层要做到压严、压实，土肥紧密接触，既可促进分解，又不致使养分损失。其耕翻深度必须根据绿肥鲜嫩程度、土壤水分状况、土壤质地而定。绿肥鲜嫩，土壤水分适中，壤质土壤，翻压稍浅；反之，耕翻适当加深。旱地翻压不宜过深，否则易造成供氧不足，减慢绿肥腐解速度，肥效不能及时发挥。

119. 绿肥翻压后多长时间开始腐解和矿化?

绿肥翻压入土后经微生物的作用，经过矿质化和腐殖化过程，将复杂有机物质分解为植物可吸收利用的营养物质或重新组合成腐殖质。一般豆科绿肥作物碳氮比较小，翻压1周后便可提供养分。一个月就有一半以上有机物质被矿化。碳氮比较大的禾本科绿肥在腐解的前1周分解释放的氮素被微生物固定，半个月以后被固定的氮素再被矿化供后茬作物吸收利用。

120. 哪些因素影响绿肥的腐解和矿化？

（1）绿肥的鲜嫩度 表示绿肥植物组织的柔嫩或老化程度，通常随着绿肥作物发育年龄的增加，其植物组织的老化程度也在增加，其腐解速度逐渐降低。

（2）绿肥的碳、氮含量 碳、氮含量比值以C/N值表示，比值小的易于腐解，比值大的难于腐解。一般豆科绿肥的C/N值小于禾本科绿肥。

（3）含水率 绿肥含水率高的易于腐解，含水率低的不易腐解，通常含水率为75%以上的绿肥较易腐解。

（4）茎叶比值 碳素集中在纤维素和木质素中，氮素80%含在植物蛋白质中。茎中含纤维素、木质素较多，而叶中蛋白质含量较高，故茎叶比值高的不易腐解，比值小的易于腐解。

121. 为什么豆科绿肥更宜腐解和矿化？

综合比较影响绿肥腐解速率和养分利用率的因素发现，其中，绿肥氮素含量最重要。氮素是促进土壤微生物生长和绿肥有机物矿化的主要成分，绿肥氮素含量多少基本上与其矿化速率的高低相一致。如豆科绿肥作物其干物质含氮量大于1.8%时，矿化迅速，并释放有效氮素供作物吸收利用，含氮量在1.2%～1.8%的绿肥作物干物质对土壤碱解氮水平不产生净效应。禾本科的绿肥作物含氮量均较低（0.5%～1.3%），故矿化速度较慢，但木质素含量较高，故其腐殖化系数也高。绿肥木质素的含量与其腐殖化系数成正相关，豆科绿肥在旱田中腐殖化系数为25%～40%，禾本科为50%～59%。

二、绿肥饲用技术

122. 哪些绿肥可以饲用?

适时刈割的豆科绿肥，蛋白质含量高，特别是豆科绿肥干物质中粗蛋白含量占15%～20%，并含有多种必需氨基酸、维生素以及钙、磷、胡萝卜素等，粗纤维含量低，适口性强，易消化，可青饲、青贮、调制干草、粉碎草粉、压制草块或草颗粒、提取叶蛋白等。

123. 饲用绿肥的营养成分如何?

部分饲用绿肥营养成分如下。

部分饲用绿肥营养成分（%）

绿肥作物	饲草种类	水分	粗蛋白	粗脂肪	粗纤维	无氮浸出物	灰分
紫花苜蓿	鲜草	74.70	4.50	1.00	7.00	10.40	2.40
	干草	8.60	14.90	2.30	28.30	37.30	8.60
白花草木樨	干草	7.37	17.51	3.17	30.35	34.55	7.05
黄花草木樨	干草	7.32	17.84	2.59	31.38	33.88	6.99
红豆草	干草	—	16.80	4.90	20.90	49.60	7.80
紫云英	干草	0.03	22.27	4.79	19.53	33.54	7.84
箭筈豌豆	干草	—	16.14	3.32	25.17	42.39	13.07
毛叶苕子	干草	6.30	21.37	3.97	26.04	31.62	10.70
山野豌豆	干草	9.35	9.25	2.38	27.77	45.22	6.03
红三叶	鲜草	72.50	4.10	1.10	8.20	12.10	2.00
白三叶	鲜草	82.20	5.10	0.60	2.80	7.20	2.10
秣食豆	干草	13.50	13.77	2.35	28.75	34.02	7.61
豌豆	鲜草	79.20	1.40	0.50	5.80	11.60	1.50
	干草	10.88	11.48	3.74	31.53	32.33	10.04
蚕豆	鲜草	84.40	3.60	0.80	2.10	6.80	2.30
沙打旺	干草	9.87	20.50	3.87	27.80	28.73	9.23

数据来源：《中国绿肥》。

124. 绿肥如何加工成干草和干草制品?

绿肥作物一般在初花期至盛花期刈割晾晒，可参考天气预报，选 3 天以上晴天方可开始刈割。刈割后就地摊晒，利用日晒和风力开始自然干燥，自然干燥过程中应翻晒 1～2 次。翻晒宜在 9:00 以前或 17:00 以后进行，以防叶片脱落造成损失。当含水量降至 35%左右时，进行第 1 次翻晒。翻晒后集成小行，任其风干至含水量 20%以下。若集行过厚或气温风力不足以把含水量降至 20%以下时，可考虑第 2 次翻晒。含水量在 20%以下时，可进行捡拾或打捆作业。草捆在通风良好的贮草棚内晾至水分达 13%～15%时才能长期保存。绿肥干草可粉碎制成草粉，草粉可进一步加工成草颗粒。

田菁草颗粒（左）与饲喂山羊（右）（张晓冬 摄）

光叶苕子刈割（左）与加工草粉（右）（付利波、陈检锋 摄）

光叶苕子晾晒（左）与加工草粉（右）（王文华、付利波 摄）

125. 绿肥如何加工成青贮饲料？

目前广泛应用绿肥青贮技术主要有半干青贮（低水分青贮）和混合青贮。

（1）半干青贮（低水分青贮） 半干青贮（低水分青贮）是指豆科绿肥作物刈割后，经田间晾晒含水量降至45%～55%，此时植物细胞汁液渗透压增加，接近于生理干旱状态，从而抑制了好气性霉菌和腐败菌的生长繁殖。真菌的生长虽然不能完全抑制，但在厌氧环境中，其活动也大为减弱。由于半干青贮是在原料中微生物生理干燥和厌氧状态下进行，青贮过程中微生物活动微弱，蛋白质分解减少。与常规青贮相比，有机酸生成相对较少，pH相对较高。其结果是，在有机酸形成量少和pH相对较高条件下也能获得品质优良的青贮饲料。

（2）混合青贮 混合青贮是指将豆科绿肥作物与一些含糖量较高的谷物秸秆、禾本科作物（如甜高粱、青贮玉米、黑麦草等）进行混合青贮，可弥补豆科绿肥可溶性碳水化合物的不足，调整青贮原料的含水量，以满足乳酸菌繁殖需要和创造养分均衡条件，有效解决了豆科绿肥单独青贮难以成功或品质较差的问题。

三、绿肥菜用技术

126. 哪些绿肥可以菜用?

部分绿肥作物的茎叶柔嫩多汁、清香可口、营养丰富，可作为时令蔬菜食用。例如，紫云英、山黧豆、黄花苜蓿（金花菜）、二月兰等。

127. 紫云英嫩梢如何菜用?

紫云英又名红花草、翘摇，属于富硒植物，嫩梢做菜历史悠久。紫云英可采摘 2 次嫩梢，亩产 500 千克以上，紫云英嫩梢含有丰富的蛋白质（0.186～0.231 克/千克）以及硒（6.0～9.6 微克/千克）、钙（7.44～9.96 毫克/千克）、铁（16.14～45.04 毫克/千克）等多种矿物质，营养价值丰富、口感佳、产量高，具有健脾益气、解毒止痛的药用价值。菜用紫云英品种有闽紫 7 号、8487711、84341022 和浙紫 5－12 等。

紫云英嫩梢采摘（左）、市售（中）与菜用（右）（黄毅斌 摄）

128. 山黧豆的芽苗菜和嫩荚如何菜用?

山黧豆的芽苗菜又称松柳菜、相思菜、松柳苗，外表呈龙须状，叶子细长，质地脆嫩，清香可口，营养价值丰富，其可溶性糖含量 17.25 毫克/克、维生素 C 含量 0.5 毫克/克，并含有丰富的磷、钙、钾等微量元素，可凉拌、炒、烫、作汤料。气温 22～26 ℃、光照时长 10～12 小时/天是山黧豆生长的最适条件。此外，山黧豆嫩荚质脆清香，营养价值很高。

山黧豆芽苗菜（左）和嫩荚（右）（韩文斌 摄）

129 黄花苜蓿的嫩叶如何菜用?

黄花苜蓿的嫩叶又称金花菜、草头、秧草、三叶菜，可炒食、腌渍及拌面蒸食，味鲜美。每 100 克鲜茎叶含胡萝卜素约 31.5 毫克、核黄素 0.22 毫克、钙 168 毫克。原产于印度，中国长江流域栽培较多。

金花菜生长适温 12～17 ℃，耐寒性较强，在－5 ℃低温下叶片冻死。气温回升后萌芽生长。对土壤适应性较强。春、秋两季都可以栽培，以秋季栽培为主。中国长江流域 7～9 月可分期播种。8 月至翌年春季 3 月陆续采收。夏播时温度高不易出苗，须浸种催芽后播种。春季 2～5 月播种，4～7 月陆续采收。南方多高畦栽培，撒播或条播，两片真叶后灌水施追肥，以后每收割 1 次，施 1 次追肥。收割3～4次，留种田秋季播种，防寒越冬后，翌年夏季收种子。

黄花苜蓿（左）与菜用（右）（张晓冬 摄）

黄花苜蓿绿化（张晓冬 摄）

130. 二月兰菜薹如何菜用?

二月兰又名诸葛菜，现蕾期至初花期可采摘主茎作为菜薹食用，弥补早春华北地区陆地蔬菜的空白。二月兰高产田现蕾期至初花期菜薹产量600～700千克/亩。

现蕾期二月兰菜薹叶片蛋白质含量6.5%、碳水化合物含量7.3%、每100克钠含量6.3毫克。每100克叶片水解氨基酸含谷氨酸0.63克、甘氨酸0.29克、脯氨酸0.34克、缬氨酸0.29克、赖氨酸0.35克、苯丙氨酸0.26克、丝氨酸0.22克、异亮氨酸0.19

克、亮氨酸 0.38 克、精氨酸 0.20 克、天冬氨酸 0.46 克、组氨酸 0.11 克、苏氨酸 0.23 克、丙氨酸 0.35 克、酪氨酸 0.13 克。

二月兰菜薹（左）与菜用（右）（张晓冬 摄）

冬前二月兰（左）与二月兰叶凉拌菜（右）（冯伟 摄）

四、绿肥采蜜技术

131. 哪些绿肥可以作为蜜源植物？

绿肥作物分布广、花期长、分泌花蜜量多，是重要的蜜源植物。其中，油菜、紫云英、光叶苕子、毛叶苕子、紫花苜蓿、草木樨等为主要蜜源植物；蚕豆、田菁、沙打旺、肥田萝卜等为一般蜜源植物。与其他蜜源植物相比，绿肥作物是最清洁的蜜源，几乎没有农药、重金属、抗生素、激素等残留，完全能满足优质蜂蜜安全生产的需求。绿肥蜂蜜具有大自然清新宜人的草香味，甜而不腻，鲜洁清甜，为上等蜜。

132. 为什么说绿肥蜂蜜是特级品蜂蜜？

根据中国蜂产品协会团体标准《蜂蜜》（T/CBPA 0001—2015）和《食品安全国家标准　蜂蜜》（GB 14963—2011），特级品蜂蜜要求：水分≤19%、果糖＋葡萄糖≥70%、蔗糖≤5%、酸度≤40 毫升/千克、羟甲基糠醛≤20 毫升/千克、淀粉酶活性≥8 毫升/（克·小时）。

就目前绿肥蜂蜜品质分析发现，绿肥蜂蜜的主要指标均满足特级品蜂蜜标准，具体表现为：蔗糖含量低、淀粉酶活性高。紫云英蜜、二月兰蜜、苕子蜜、田菁蜜的淀粉酶活性是标准的 2～3 倍，这说明绿肥蜂蜜的成熟度、新鲜度、活性高于国内主流蜂蜜产品。此外，放养蜜蜂分别可提高二月兰、毛叶苕子、紫云英种子产量 23.77%、16.17%、15.00%。去除放养蜜蜂成本，每亩种子田可增收 344～605 元，绿肥种业的经济效益显著增加。

133. 紫云英蜜的营养价值有哪些？

紫云英花期 1 个月、泌蜜期 20 天。紫云英初花期为粉红色，不泌蜜或泌蜜较少。当花色变红，进入盛花期后泌蜜达到高峰，花色变为暗红色时泌蜜将结束。一天中开花泌蜜时间，前期为 12:00～15:00，以后随气温升高，开花泌蜜时间逐渐提早。泌蜜最适温度为 25 ℃。每群蜂可采蜜 20～50 千克。蜜呈白色或浅琥珀色，结晶乳白而细腻，味甜而不腻，清淡，芳香，属上等蜜，为我国主要出口蜜种。紫云英蜜含水分 21.8%、果糖 37.9%、葡萄糖 32.5%、蔗糖 0.76%、蛋白质 0.50%，淀粉酶活性 20.0 毫升/（克·小时），酸度 27.0 毫升/千克，pH 3.83，含羟甲基糠醛 2.2 毫克/千克。每 100 克紫云英蜜含维生素 B_1 0.039 毫克、维生素 B_2 0.003 毫克、维生素 C 1.5 毫克，天冬氨酸 21.5 毫克、苏氨酸 5 毫克、丝氨酸 5 毫克、谷氨酸 15 毫克、甘氨酸 5 毫克、丙氨酸 6.5 毫克、胱氨酸 0.5 毫克、缬氨酸 9.5 毫克、蛋氨酸 3.5 毫克、异亮氨酸 9 毫克、亮氨酸 10 毫克、脯氨酸 21.5 毫克、精氨酸 2 毫克。

134. 油菜蜜的营养价值有哪些?

油菜花期 30～40 天，主要泌蜜期 20～25 天，泌蜜适温 18～25 ℃。每群意大利蜂可产蜜 15～30 千克，每群中华蜜蜂可产蜜 10～20千克。油菜蜜呈浅琥珀色，味甜，略带辛辣或青菜味，易呈乳白色结晶，颗粒细腻。油菜蜜含水分 22.4%、葡萄糖 36.9%、果糖 40.6%，淀粉酶值10.7、pH 3.85。每100 克油菜蜜含维生素 C 7.3 毫克、B族维生素 145 毫克，天冬氨酸 30 毫克、苏氨酸 6 毫克、丝氨酸 7 毫克、谷氨酸 20 毫克、脯氨酸 30 毫克、甘氨酸 6 毫克、丙氨酸 8 毫克、缬氨酸 9 毫克、蛋氨酸 3 毫克、精氨酸 5 毫克。每 100 克油菜蜜含铝5.67 毫克/千克、铬 0.33 毫克/千克、铁 8.86 毫克/千克、镁 26.2 毫克/千克、磷 58.26 毫克/千克、钛 0.33 毫克/千克、钙 86.79 毫克/千克、铜 92.93 毫克/千克、钾 283.1 毫克/千克、钠 24.16 毫克/千克、锶 0.28 毫克/千克、锌 5.86 毫克/千克。

135. 白香草木樨蜜的营养价值有哪些?

白香草木樨花期 40～50 天，盛花期 30～40 天。泌蜜最适气温 28 ℃以上，单花一日泌蜜量 0.15～0.5 微升。每群蜂可产蜜 30～60 千克，每亩可产蜜 12～40 千克。白香草木樨蜜呈浅琥珀色至水白色，味清香，结晶时颗粒较细，呈白色，为上等蜜。蜂蜜含葡萄糖 32.069%、果糖 43.947%、蔗糖 3.051%、粗蛋白 0.251%、水分 17.9%、灰分 0.126%，酸度 1.539 毫升/千克、淀粉酶活性 17.9 毫升/(克・小时)。

136. 紫花苜蓿蜜的营养价值有哪些?

紫花苜蓿花期 30 天左右，播种当年的紫花苜蓿泌蜜量不大，

2～4年的植株泌蜜丰富，单花一日泌蜜量 0.3～0.8 微升，28～30 ℃泌蜜良好，30 ℃以上大量泌蜜。每群蜂可产蜜 30～50 千克。紫花苜蓿蜜为浅琥珀色，清香，较易结晶，结晶颗粒细，呈乳白色，似油脂状。紫花苜蓿蜜含水分 19.2%、葡萄糖 31.429%、果糖 43.573%、蔗糖 3.479%、粗蛋白 0.222%、灰分 0.09%、酸度 1.795 毫升/千克。

137. 苕子蜜的营养价值有哪些?

光叶苕子泌蜜期 25～30 天，泌蜜最适气温 24～28 ℃，每群蜂产蜜 30～50 千克。光叶苕子蜜含水分 17.6%、葡萄糖 32.7%、果糖 42.243%、蔗糖 3.311%、粗蛋白 0.192%、灰分 0.02%，酸度 1.456 毫升/千克、淀粉酶活性 10.9 毫升/(克・小时)。

毛叶苕子花期 20～30 天，气温 20 ℃以上开始泌蜜，最适泌蜜温度 24～28 ℃。每群蜂产蜜 15～40 千克，浅琥珀色，结晶细腻，为上等蜜。毛叶苕子蜜含水分 17.1%、果糖 40.6%、葡萄糖 29.4%，淀粉酶活性 17.6 毫升/（克・小时)、酸度 10.7 毫升/千克。

138. 其他绿肥蜜的营养价值有哪些?

田菁花期 20～30 天，每群蜂可产蜜 10～15 千克。蜜色较浅，具香味，为中上等蜜。田菁蜜含水分 15.0%、果糖 40.9%、葡萄糖 28.8%，淀粉酶活性 17.2 毫升/（克・小时)、酸度 10.0 毫升/千克。

沙打旺花期约 30 天，每群蜂可产蜜 10～35 千克。蜜呈浅琥珀色，较易结晶，具香味，属中等蜜。

肥田萝卜花期约 25 天，气温 16 ℃开始泌蜜，18 ℃泌蜜最多。秋季每群蜂可产蜜 15～25 千克，蜜呈琥珀色，结晶后带黄色，有浓郁的萝卜气味；春季泌蜜较少，但花粉丰富，有利于蜂群早春繁殖。

二月兰花期约 60 天，采蜜期约 30 天，蜜呈乳白色，易结晶，二月兰蜜含水分21.4%、果糖36.4%、葡萄糖33.4%，淀粉酶活性23.0毫升/（克·小时）、酸度25毫升/千克。

二月兰蜜采集（冯伟 摄）

紫云英蜜采集（李忠义 摄）

毛叶苕子蜜采集（张晓冬 摄）

部分绿肥蜂蜜（张晓冬 摄）

五、绿肥加工植物胶技术

139 哪些绿肥作物种子可以加工成植物胶？

田菁、葫芦巴等豆科绿肥作物的种子胚乳中可提取天然植物胶，其主要成分是半乳甘露聚糖，即单糖间的排列和连接方式是：以β（1→4）连接D-甘露吡喃糖为主链，相隔一定数量的甘露糖，以α（1→6）连接D-半乳吡喃糖为支链，组成一个基本结构单位。

140. 绿肥植物胶有哪些主要性能？

（1）水溶性　绿肥植物胶不溶解于乙醇、甘油、甲酰胺等任何有机溶剂，水是绿肥植物胶的唯一溶剂。

（2）黏性　绿肥植物胶遇水能溶胀水合形成高黏性的溶胶液，其黏性随粉剂浓度增加而显著增加，植物胶液属于非牛顿型流体，黏性随剪切速度增高而降低。

（3）耐盐性　由于它的非离子性，植物胶液一般不受阴、阳离子的影响，不产生盐析现象。

（4）形成凝胶　水合后的植物胶可与硼砂、重铬酸盐等多种化学试剂发生交联作用，形成具有一定黏弹性的非牛顿型水基凝胶。这种凝胶的黏度要比胶液黏度高几十倍甚至几百倍。

141. 绿肥植物胶有哪些主要用途？

绿肥植物胶可以用作石油油井压裂液的增稠剂、地质钻井冲洗液的絮凝剂、石油炼制的催化剂、选矿作业的絮凝剂和助滤剂、造纸工业的添加剂、纺织上浆印染涂料、陶瓷工业中的增强剂、电池制造业中的新型涂料、建筑材料和耐火材料中的黏结剂以及食品工业中的增稠剂或稳定剂。

142. 绿肥植物胶的理化性质如何？

部分绿肥植物胶的主要理化性质如下。

部分绿肥植物胶的主要理化性质

绿肥名称	千粒重（克）	胚乳含量（%）	总糖（%）	半乳糖：甘露糖	黏度（厘泊*）	水不溶物（%）
瓜尔豆	33.8	42.0	84.3	1：2.0	351.9	19.00
田菁	15.0	33.5	85.9	1：2.0	121.8	24.30

* 泊为非法定计量单位，1泊=0.1帕·秒，1厘泊=0.01泊。

（续）

绿肥名称	千粒重（克）	胚乳含量（%）	总糖（%）	半乳糖：甘露糖	黏度（厘泊*）	水不溶物（%）
葫芦巴	13.0	38.7	80.6	1∶1.6	321.0	19.76
决明	26.0	36.2	60.0	1∶8.2	4.9	66.52
豆茶决明	8.9	31.0	40.0	1∶2.2	22.7	49.36
羊眼豆	19.2	50.0	84.0	1∶3.8	24.0	23.57
猪屎豆	5.3	34.3	93.6	1∶4.5	477.1	28.34
大叶猪屎豆	18.5	23.8	79.1	1∶2.3	744.1	19.16

注：黏度为毛细管黏度，数据来源为《中国植物胶资源开发研究与利用》。

143. 田菁胶如何分离提取？

（1）水浸浓缩法 首先将田菁种子破碎，加水浸提、过滤、真空浓缩，最后喷雾干燥。由于此方法浓缩时不易脱水，干燥加热时间长，不仅加大生产成本，而且容易造成局部过热，使产品理化性质改变，成品水合性能差，黏度下降。

（2）有机溶剂沉淀法 即在上述加水浸提所得的胶液中加入有机溶剂，使聚糖沉降，再将沉降的聚糖脱水、烘干、磨粉，制得产品田菁胶。此方法得到的产品纯度较高，但提胶过程中用水量大，废水量也大；离心分离杂质困难；常以乙醇作沉淀剂，乙醇回收能耗高，聚糖得率低，生产成本高。

（3）机械分离法 是目前工业提取田菁胶常用的方法。田菁种子中种皮、胚乳、子叶 3 部分的机械物理性能有差异，即胚乳的性质坚硬并有一定的韧性，呈半透明状，不易被粉碎。种皮和子叶韧性差，在机械粉碎过程中容易被粉碎。其结果是在同样条件下，胚乳的颗粒要大于种皮、子叶的颗粒。这样可以通过筛选，将粗细不等的种皮、子叶与胚乳分离开，最后得到比较纯净的胚乳片。通常胚乳中的聚糖含量超过 60%，总糖含量大于 80%。因此，分离出比较纯净的胚乳片，也就等于得到了一定纯度的中间体。胚乳片再经水合、制粉、提纯、灭菌等处理，可得成品胶。普遍使用的生产工艺为：种子去杂—研磨—筛选—加水浸泡—脱水—挤压—筛选—烘干—胚乳片。

144. 田菁胶如何增黏?

从田菁胶生产线上获得的胚乳片可以直接进入制粉工艺生产胶粉，但一般的粉碎机对胚乳细胞的破坏力度不够，使得聚糖溶解慢，水溶液黏度低。因此，需要对胚乳细胞进行增黏。增黏包括水合增黏和破壁增黏。

（1）水合增黏 水合就是使胚乳片充分吸水膨胀而富于弹性。胚乳片的水合是胚乳细胞增黏的关键步骤。胚乳片在加水初期应进行连续搅拌，以确保胚乳片之间不互相黏结，使胚乳片吸水均匀，避免胚乳表面多糖溶解而引起黏合。加水比达到 0.6～1.0 时田菁胚乳片的体积膨胀率较大，常温下田菁水合所需时间不超过 1.5 小时。

（2）破壁增黏 破壁增黏是指胚乳片在受到挤压破壁作用下破坏细胞结构而增加田菁胶黏度。国内一般采用轧辊破壁增黏技术，上对轧辊间隙调至 0.15 毫米情况下进行，当下对轧辊间隙减小时，田菁胶的黏度逐渐提高；当下对轧辊间隙调至 0.08～0.10 毫米时聚糖胶的黏度达到较大值，再进一步调小间距黏度增加不大。田菁胶经增黏工艺处理后，其聚糖胶黏度比原胶提高 50%以上。

145. 田菁胶如何改性?

田菁胶改性是指在一定条件下，使田菁胶与某种试剂发生反应，在田菁胶分子中引入亲水基团，生成一种衍生物，从而提高亲水性，使其溶胀速度加快，水不溶物含量减少，同时也增加分子的分散程度。常见的改性技术包括以下几种。

（1）羧甲基田菁胶 以一氯乙酸为醚化剂，乙醇为分散剂，在碱性介质中与田菁胶原粉缩合即可制得羧甲基田菁胶。羧甲基田菁胶是一种阴离子型的高分子化合物，与田菁胶原粉相比，其水不溶物含量降低了10倍左右，具有更高的活性、水溶性和稳定性，甚至在冷水中就有很好的分散性和溶解性，中和至弱碱性的胶液保存半年几乎没有明显变化。

(2) 羟乙基田菁胶 以一氯乙醇或环氧乙烷为醚化剂，乙醇或异丙醇为分散剂，在碱性介质中与田菁胶原粉缩合即可制得羟乙基田菁胶。

(3) 羟丙基田菁胶 田菁胶原粉与环氧丙烷在碱性和有机复合催化剂作用下可制得羟丙基田菁胶。它与田菁胶原粉相比有很多相似之处，而显著特点是水不溶物含量低、溶解速度快、耐温性好、耐剪切，是油田高温深井、低渗透油气层水基压裂液的主要稠化剂。

六、绿肥加工植物油技术

146. 哪些绿肥作物种子可以加工成植物油?

二月兰、油菜、肥田萝卜等十字花科绿肥作物种子含油量高，可榨油。其中，油菜种子含油量37.5%～46.3%，二月兰种子含油量37%左右。

147. 如何提取十字花科绿肥籽油?

(1) 压榨法 压榨法是借助机械外力作用，将油脂从油料中压榨出来的传统提油方法，分为热榨法和冷榨法。热榨法是将油料去杂、去石后进行破碎、蒸炒、挤压，促进油脂分离。该技术是国内植物油脂提取的主要方法。目前，为保证成品的天然健康，多数食品生产工艺采用冷榨法提取，即不用蒸炒等高温处理，在较低温度下制取纯绿色无污染的食用油脂。压榨法操作简单，无任何添加剂，无溶剂残留，生产安全，适合各种植物油的提取，但对原料要求高，且出油率低，劳动强度大，生产效率低。

(2) 浸出法 浸出法是利用固液萃取的原理，通过有机溶剂对油料浸泡或回流萃取油料中油脂的技术，是目前国际上公认的最先进的生产工艺。其优点是劳动强度低、出油率高，质量较好，蛋白质变性程度小，可以大规模生产。缺点是提取时间长、效率低、溶剂损耗大、提取的油脂色泽较深，油脂中易有溶剂残留，生产安全性差，难以满足油脂工业对高品质油脂的要求。

(3) 超临界流体萃取法 以超临界流体 CO_2 为萃取剂，利用其特殊的溶解作用及温度、压力发生变化其溶解作用亦发生变化的原理，通过调整密度从固体或液体中萃取出所需的有效组分，并进行分离的技术。使用超临界流体萃取技术得到的油脂纯度高、色泽清、无溶剂残留、无污染，并且工艺简单、分离范围广、只需控制压力和温度等参数就可达到提取混合物中不同成分的目的。该法对于脂溶性、热不稳定和易氧化成分具有很好的提取效果。

148. 二月兰籽油有哪些营养成分？

二月兰种子油脂的主要脂肪酸组分如下。

二月兰种子油脂的主要脂肪酸组分

序号	脂肪酸	含量（%）
1	棕榈酸	14.17
2	硬脂酸	13.60
3	油酸	8.34
4	亚油酸	40.18
5	α-亚麻酸	6.34
6	花生酸	5.08
7	顺-11-二十碳烯酸	5.46

149. 二月兰籽油有哪些特点？

二月兰籽油脂肪酸组成中，芥酸含量低，不饱和脂肪酸含量是饱和脂肪酸含量的2倍，亚油酸含量40%以上，亚油酸/亚麻酸为(6～7)：1，符合（4～10）：1的最佳比例。因此，二月兰籽油为高亚油酸低芥酸的健康油脂，尤其适合心血管病患者食用。

150. 二月兰籽油如何精炼?

(1) 脱胶 应用物理、化学或物理化学方法将粗油中胶溶性杂质脱除的工艺过程称为脱胶。脱胶依据磷脂及部分蛋白质在污水状态下溶于油，但与水形成水合物后则不溶于油的原理，向粗油中加入热水或通入水蒸气，加热油脂并在 50 ℃下搅拌混合，然后静置分层，分离水相，即可除去磷脂和部分蛋白质。

(2) 脱酸 游离脂肪酸影响油脂的稳定性和风味，可采用加碱中和的方法除去游离脂肪酸，称为脱酸。

(3) 脱色 粗油中含有叶绿素、类胡萝卜素等色素，叶绿素是光敏化剂，影响油脂的稳定性，而其他色素影响油脂的外观，可用吸附剂除去。

七、绿肥加工淀粉及淀粉制品

提取淀粉和制作粉丝是箭筈豌豆综合利用的传统途径之一，存在于晋北、冀北、苏北、豫南等箭筈豌豆产区。由于箭筈豌豆耐瘠薄能力强，种子产量高，是重要的肥粮兼用作物。

151. 箭筈豌豆淀粉加工成粉丝有哪些优势?

虽然箭筈豌豆、豌豆和鹰嘴豆淀粉的晶体结构均为 C 型，X 射线衍射图之间并无明显的差异，但是与豌豆淀粉和鹰嘴豆淀粉相比，箭筈豌豆淀粉颗粒较小，并且箭筈豌豆淀粉的糊化温度较低，而且由于箭筈豌豆淀粉颗粒不均匀，使得箭筈豌豆淀粉的糊化温度范围较宽。

其次，箭筈豌豆淀粉在黏度特性上比鹰嘴豆和豌豆淀粉有一定的优势，箭筈豌豆淀粉具有较高的峰值黏度和衰减黏度，表明淀粉在持续加热和剪切作用下有较好的抗破碎和抗剪切能力，这说明箭筈豌豆淀粉更适合加工成粉丝。

此外，箭筈豌豆淀粉的快速消化淀粉量显著低于豌豆淀粉，而缓慢消化淀粉和抗性淀粉的含量则要高很多。采用箭筈豌豆淀粉加工粉丝，升糖指数会更低。这表明箭筈豌豆功能性碳水化合物的含量非常高，具有独特的优势，是优质降糖产品。

152. 箭筈豌豆如何提取淀粉？

（1）清洗浸泡 将箭筈豌豆清洗干净，加入清水，开始浸泡，清水的加入量为超过箭筈豌豆上层面30～50厘米，浸泡时间：夏季35～40小时、冬季70～80小时。

（2）磨碎去渣 浸泡好的箭筈豌豆漂洗去杂后磨碎、筛分，将箭筈豌豆豆浆（含淀粉和蛋白）与粗纤维、种皮分离。1千克箭筈豌豆可生产出10千克豆浆。

（3）兑浆分离 向箭筈豌豆豆浆中加入酸浆（pH3.5～4.0），10千克箭筈豌豆豆浆加1.5～3.0千克酸浆，静置45分钟，去掉上层蛋白和粗纤维及其他杂质，再加入酸浆，10千克箭筈豌豆豆浆加0.5～1.5千克酸浆，搅拌均匀后过滤杂质。静置10小时，然后将上清液和中间的蛋白液移除，底层即为箭筈豌豆淀粉。

（4）沉淀成型 将沉淀好的淀粉搬出，脱水成型，干燥至含水量25%～30%，即可用于粉丝加工。

153. 箭筈豌豆淀粉如何加工成粉丝？

（1）打糊和面 将箭筈豌豆淀粉用热水调成糊状，再用沸水边冲边搅拌。18～20分钟，淀粉糊呈透明均匀状，再与湿淀粉混合，搅揉成无疙瘩、不黏手、能拉丝、均匀细腻的软面团。淀粉糊用量3%～4%，水量占淀粉用量的12%～16%。

（2）漏粉熟化 漏粉高度30～50厘米，漏粉速度40米/分钟，熟化温度≥90℃，熟化时间2～3分钟。

（3）冷却干燥 粉丝经冷水冷却后，架杆自然冷却，后经浸泡、搓洗等工序后进行干燥处理，即可得成品粉丝。

154. 箭筈豌豆粉丝的质量如何？

箭筈豌豆粉丝水分≤15.0%、淀粉≥75.0%、断条率≤

10.0%，符合《粉条》（GB/T 23587—2009）的标准。此外，抗性淀粉含量为≥10.0%。

箭筈豌豆粉丝加工流程：打糊和面、漏粉熟化、冷却、干燥（刘全兰 摄）

八、“绿肥+”产业模式

“绿肥+”产业模式是绿水青山变成金山的具体实践，是在充分发挥绿肥生态服务功能的基础上，将绿肥与有机稻米、优质果品、观光农业等特色产业融合发展的产业模式。将传统绿肥产业逐步打造成具有时代新意的新时代“绿肥+”产业模式，并使其在种植业减肥增效、藏粮于地、脱贫攻坚、乡村振兴等战略中发挥重要作用。

155. “绿肥+有机稻米”产业模式有什么特点?

在水稻产区，种植利用绿肥后水稻当季化肥减施 20%～40%，稻田氮、磷流失减少 25%以上，土壤质量提升，水稻产量提高

10%左右，稻米品质提升，实现了水稻生产绿色发展和提质增效。在桂林有机稻米基地，采用免耕稻底套播紫云英技术以及稻草—紫云英协同利用技术，代替了部分商品有机肥，土壤肥力逐步提升，原来有机稻米亩产 225 千克，现在亩产可达 300 千克；生产的有机稻米价格约 24 元/千克，相比普通大米价格提升了 3～4 倍，每亩节肥增效约 2 000 元。

桂林有机稻米基地的紫云英（李忠义 摄）

信阳有机稻米基地的紫云英（张晓冬 摄）

156. “绿肥＋优质果品”产业模式有什么特点？

在水果产区，种植利用绿肥后果园土壤有机质由 0.6%～

0.8%提升至1.1%～1.2%，果品品质明显提升，产品进入高端市场，同时每年可减少人工或机械除草费用100～250元/亩，实现了除草剂零使用。在重庆忠州草橘基地，通过人工种植绿肥和自然生草覆盖，减少20%化学氮肥施用量，结合病虫害绿色生态防控技术措施，实现绿色生态种植管理。忠州草橘价格从16元/千克到60元/千克不等，增值2～7倍。

重庆忠州草橘基地的光叶苕子（冯伟 摄）

广西百色杧果（左）、桂平荔枝（中）、南宁柑橘（右）的光叶苕子（李忠义 摄）

山东泰安桃与二月兰（左）、葡萄与箭筈豌豆（中）、樱桃与毛叶苕子（右）(朱国梁 摄)

157. “绿肥＋观光农业”产业模式有什么特点?

“绿肥＋观光农业”是绿肥种植业和旅游业相结合的一种新型产业，具有收获绿肥农产品和绿肥种子的生产性功能，又具有旅游观光、休闲度假的生活性功能，还具有改善乡村环境和农田质量的生态性功能。在河北清河二月兰千亩观光基地，通过冬闲田种植二月兰，将观光农业与乡村旅游、二月兰蜜、二月兰种业以及周边服务业有机结合，既实现了每亩 2 000 元的经济效益，又覆盖了裸露的冬闲田，抑制了冬春扬尘，减少了春季杂草，净化了空气，美化了环境，提高了就业率，推动了美丽乡村建设，为当地乡村振兴和建设小康社会提供了强大动力。

河北清河二月兰观光基地（冯伟 摄）

云南东川“红土地”肥田萝卜（张晓冬 摄）

湖南南县沿河紫云英景观带（张晓冬 摄）

主要参考文献 MAINREFERENCES

曹卫东，2007. 绿肥种质资源描述规范和数据标准［M］. 北京：中国农业出版社.

曹卫东，2011. 绿肥在现代农业发展中的探索与实践［M］. 北京：中国农业科学技术出版社.

曹卫东，徐昌旭，2010. 中国主要农区绿肥作物生产与利用技术规程［M］. 北京：中国农业科学技术出版社.

崔元臣，周大鹏，李德亮，2004. 田菁胶的化学改性及应用研究进展［J］. 河南大学学报（自然科学版），34（4）：30－33.

邓德红，曹国松，朱瑶，等，2016. 绿肥作物紫云英的菜用价值及其栽培要点［J］. 长江蔬菜（4）：77－78.

段志龙，周军，王晨光，2019. 陕北果区果园绿肥种植技术［M］. 北京：中国农业科学技术出版社.

何春梅，兰忠明，林新坚，等，2014. 菜用紫云英品种筛选及高效施肥模式研究［J］. 福建农业学报，29（4）：334－338.

蒋尤泉，2007. 中国作物及其野生近缘植物：饲用及绿肥作物卷［M］. 北京：中国农业出版社.

焦彬，1986. 中国绿肥［M］. 北京：农业出版社.

李睿，贾鑫，王晨，等，2019. 田菁胶的改性和应用的研究进展［J］. 中国食物与营养，25（7）：52－55、20.

李曙轩，1990. 中国农业百科全书：蔬菜卷［M］. 北京：农业出版社.

刘旭，2015. 中国生物种质资源科学报告［M］. 2 版. 北京：科学出版社.

马德风，1993. 中国农业百科全书：养蜂卷［M］. 北京：农业出版社.

孙海龙，刘海艳，周鑫，等，2014. 不同光照和温度处理松柳芽苗菜的生长及营养品质［J］. 贵州农业科学，42（6）：137－139.

孙羲，1996. 中国农业百科全书：农业化学卷［M］. 北京：农业出版社.

王建红，符建荣，2014. 浙江省绿肥生产与综合利用技术［M］. 北京：中国农业科学技术出版社.

杨俊岗，段仁周，2013. 中国绿肥种子出口技术手册［M］. 北京：中国农业科学技术出版社.
张卫明，肖正春，史劲松，2008. 中国植物胶资源开发研究与利用 [M]. 南京：东南大学出版社.
郑卓杰，1997. 中国食用豆类学 [M]. 北京：中国农业出版社.

图书在版编目（CIP）数据

绿肥作物种植与利用技术有问必答 / 张晓冬主编
. —北京：中国农业出版社，2020.7
（新时代科技特派员赋能乡村振兴答疑系列）
ISBN 978-7-109-26845-6

Ⅰ. ①绿… Ⅱ. ①张… Ⅲ. ①绿肥作物-种植-问题解答②绿肥作物-综合利用-问题解答 Ⅳ. ①S55-44

中国版本图书馆 CIP 数据核字（2020）第 081632 号

中国农业出版社出版
地址：北京市朝阳区麦子店街 18 号楼
邮编：100125
责任编辑：廖 宁
版式设计：王 晨 责任校对：赵 硕
印刷：中农印务有限公司
版次：2020 年 7 月第 1 版
印次：2020 年 7 月北京第 1 次印刷
发行：新华书店北京发行所
开本：880mm×1230mm 1/32
印张：3.75
字数：125 千字
定价：18.00 元

版权所有·侵权必究
凡购买本社图书，如有印装质量问题，我社负责调换。
服务电话：010-59195115 010-59194918